机电传动控制技术

及设计方法探究

肖中俊 著

中国水利水电出版社
www.waterpub.com.cn

内 容 提 要

本书共7章,内容包括机电传动控制概论、机电传动控制系统的控制电动机、继电器—接触器控制及其线路设计、可编程控制器及其系统设计、交直流电动机无级调速控制技术、机电传动控制其他技术、机电传动控制系统设计。

本书内容循序渐进,知识面广、应用性强,可作为机械制造、机械电子工程及相近专业和机械、电气工程相关专业人员的参考书籍。

图书在版编目(CIP)数据

机电传动控制技术及设计方法探究 / 肖中俊著. --
北京 : 中国水利水电出版社,2015.9(2022.9重印)
ISBN 978-7-5170-3696-8

Ⅰ.①机… Ⅱ.①肖… Ⅲ.①电力传动控制设备
Ⅳ.①TM921.5

中国版本图书馆CIP数据核字(2015)第232565号

策划编辑:杨庆川　责任编辑:陈　洁　封面设计:崔　蕾

书　　名	机电传动控制技术及设计方法探究
作　　者	肖中俊　著
出版发行	中国水利水电出版社
	(北京市海淀区玉渊潭南路1号D座 100038)
	网址:www.waterpub.com.cn
	E-mail:mchannel@263.net(万水)
	sales@mwr.gov.cn
	电话:(010)68545888(营销中心)、82562819(万水)
经　　售	北京科水图书销售有限公司
	电话:(010)63202643、68545874
	全国各地新华书店和相关出版物销售网点
排　　版	北京厚诚则铭印刷科技有限公司
印　　刷	天津光之彩印刷有限公司
规　　格	170mm×240mm　16开本　15印张　269千字
版　　次	2016年1月第1版　2022年9月第2次印刷
印　　数	1501-2500册
定　　价	45.00元

前　言

现代自动化生产设备早已不再是单纯的传统机械所组成的设备,而是机电一体化的综合系统,机电传动与电气控制已经成为现代生产机械中不可分割的重要组成部分。在现代自动化生产中,生产机械的电气自动化程度反映了工业生产的水平。

机电传动也称电力拖动或电力传动,是指以电动机为原动机驱动生产机械的系统的总称。其目的是将电能转变成机械能,实现生产机械的启动/停止和速度调节,以满足生产工艺过程的要求,保证生产过程正常进行。因此,机电传动控制包括用于拖动生产机械的电动机以及电动机控制系统两大部分。

对于整个工厂来说,机电传动控制系统所要完成的任务就是要使机械设备、生产线、车间都实现自动化;而对于一台设备来说,则是指通过控制电动机拖动生产机械,实现产品质量的提高、生产成本的降低、产品数量的增加、工人劳动条件的改善,以及能量的合理利用等。

随着计算机技术、微电子技术、自动控制理论、精密测量技术、电动机和电器制造业及自动化元件的发展,机电传动控制正在不断创新与发展,如直流或交流无级调速控制系统取代了复杂笨重的变速箱系统,简化了生产机械的结构,使生产机械向性能优良、运行可靠、体积小、重量轻、自动化方向发展。因此,在现代化生产中,机电传动控制具有极其重要的地位。

目前各种类型机电传动设备越来越多,技术越来越先进,控制技术及手段越来越精密繁杂。为了保证安全生产,促进设备长周期稳定运行,要求广大电气工程技术人员和操作人员应全面掌握有关机电传动控制的基础知识、设计理论、控制原理及应用等系统理论知识,不断地提高掌握机电设备应用、控制、维护、检修的实际操作能力。为了满足广大电气工程技术人员和操作人员工作和学习提高的需要,作者决定撰写本书。

本书的撰写时力求避免与“电工学”等学科存在过多的交叉和重叠,着力体现内容的实用性和先进性,使读者系统、全面地掌握机电传动控制系统设计的基本原则和基本方法,为今后设计和开发机电传动控制系统奠定扎实的技术基础。本书共7章。第1章为机电传动控制概论;第2章为机电传动控制系统的控制电动机;第3章为继电器-接触器控制及其线路设计;第4章为可编程控制器及其系统设计;第5章为交直流电动机无级调速控制技术;第 6 章为机电传动控制其他技术;第 7 章为机电传动控制系统设计。

　　由于作者水平有限,书中难免有不足之处,恳请广大读者、同行批评指正。

齐鲁工业大学

肖中俊

2015 年 7 月

目　录

第1章 机电传动控制概论

机电传动控制概论主要从理论基础上阐述了机电传动技术的发展状况和力学基础。本章主要介绍机电传动控制技术的发展、机电传动系统的运动方程以及负载机械特性方程。

1.1 机电传动控制技术的发展

1.1.1 机电传动的发展

机电传动及其控制系统总是随着社会生产的发展而发展的。20世纪初,由于电动机的出现,使得设备的驱动方式发生了深刻的变革,电动机替代了蒸汽机。机电传动的发展分为以下3个阶段。

$$机电传动的发展\begin{cases}成组拖动\\单电机拖动\\多电机拖动\end{cases}$$

1. 成组拖动

机电传动最先开始运用到工业上的是成组拖动[①],这种传动方式有很大的弊端,一旦在生产过程中电动机发生故障,就会导致整个生产线瘫痪,并且利用这种传动方式生产效益比较低,劳动条件低下。

2. 单电机拖动

单电机拖动是用一台电动机拖动一台生产机械。较之成组拖动,单电机拖动简化了传动机构,缩短了传动路线,提高了传动效率,至今仍有一些中小型通用机床采用单电机拖动。

3. 多电机拖动

随着机电传动系统的发展,现在主要采用的是多电机拖动[②]。多电机

---

① 成组拖动是指用一台电动机拖动一根天轴,然后再由天轴通过皮带轮和皮带分别拖动各生产机械。

② 多电机拖动是指一台生产机械的每一个运动部件分别由一台专门的电动机拖动。

拖动相比成组拖动和单电机拖动具有明显的优势。由于其是一个运动部分对应的是一台机械，因此若是其中一台器械发生故障，并不影响其他机械的正常运转，方便机械的自动化实施，提高生产效益，灵活掌控机械的运转，为大规模的生产线生产提供了基础。

1.1.2 电动机控制系统的发展

随着社会生产的发展和科技水平的提高，人们对电器的要求提高，自动化的需求也相应提高，这使得电动机的控制也由以前的简单控制（如开关）向复杂控制发展。电动机的控制系统自动化几乎在每一个工业领域都有相应的运用，如数控机床、绣花机、卫星姿态等。随着工业化的日异月新，电动机的控制也发生了深刻的变化，正在不断地完善和提高。

最早的机电传动控制系统是有触点断续控制系统。该系统结构简单，能够实现简单的控制，能够对别要求控制的对象实现开启、关闭或其他一些简单的功能。但有触点断续控制系统由于其控制简单，到导致控制精度不精，且控制操作时，速度缓慢。

接着，出现了直流发电机—电动机调速系统。由于该种系统需要旋转变流机组（至少包括两台与调速电动机容量相当的旋转电动机），还要一台励磁发动机，所以设备多、体积大、费用高、效率低、安装需打地基、运行有噪声、维护不方便。20 世纪 50 年代，采用了水银整流器（大容量时）和闸流管（小容量时）静止变流装置来代替旋转变流机组。到了 20 世纪 60 年代，出现了晶闸管—直流电动机无级调速系统。晶闸管出现以后，又陆续出现了其他种类的电力电子器件，如门极可关断晶闸管（GTO）、电力功率晶体管（GTR）、电力场效应晶体管（电力 MOSFET）、绝缘栅双极型晶体管（IGBT）等。由于这些器件的电压、电流定额及其他电气特性均得到了很大的改善，所以它们相比简单的继电器具有许多优点，能够快速高效的反应，且能够长时间使用，维护起来也十分方便，再加上体积小、质量轻等优势，使得机电传动控制系统等到了更宽广的应用领域。到了 20 世纪 80 年代，由于逆变技术、脉宽调制技术、矢量控制技术的出现和发展，使交流电动机无级调速系统得到了迅速发展。由于交流电动机没有电刷与换向器，减小了交流电动机的整体体积。同时由于结构的简单化，节约了交流电动机的成本，方便维护等好处。电压等级可以做得很高，可以实现高速拖动等，所以交流机电传动系统取代直流机电传动系统已经是无可争议的事实了。目前已出现了多种以多用芯片或 DSP 为核心的变频器调速系统，它们使交流电动机的控制变得更简单、可靠性更高、拖动系统的性能更好。它们的出现为机电传动系统的控制开辟了新纪元。

目前,随着计算机技术的高速发展,控制系统和计算机技术联合运用,使得控制系统又发展到一个新阶段——采样控制。通过计算机系统的精确计算、采样控制,推动着机电控制技术向着集成化、智能化、信息化、网络化方向发展。

1.2　机电传动系统的运动方程式

1.2.1　单轴机电传动系统的运动方程式

如图 1-1 所示为一单轴机电传动系统。由电动机 M 产生的转矩 TM 用来克服负载转矩,以带动生产机械运动。

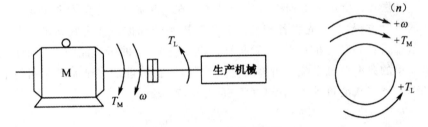

图 1-1　单轴机电传动系统

根据动力学列运动平衡方程式,则有

$$T_{\mathrm{M}} - T_{\mathrm{L}} = J\,\frac{\mathrm{d}\omega}{\mathrm{d}t} \tag{1-1}$$

式中,T_{M} 为电动机的输出转矩($\mathrm{N \cdot m}$);T_{L} 为电动机的负载转矩($\mathrm{N \cdot m}$);J 为转动惯量($\mathrm{kg \cdot m^2}$);ω 为电动机的角速度($\mathrm{rad/s}$)。

在实际工程计算中,经常用转速 $n(\mathrm{r/min})$ 代替角速度 $\omega(\mathrm{rad/s})$。其关系为 $\omega = 2\pi n/60 = n/9.55$,则式(1-1)就变为

$$T_{\mathrm{M}} - T_{\mathrm{L}} = \frac{1}{9.55} J\,\frac{\mathrm{d}n}{\mathrm{d}t} \tag{1-2}$$

式(1-1)就是单轴机电传动系统的运动方程式。该方程决定着系统运动的特征。当 $T_{\mathrm{M}} > T_{\mathrm{L}}$ 时,$\dfrac{\mathrm{d}\omega}{\mathrm{d}t} > 0$,系统加速;当 $T_{\mathrm{M}} < T_{\mathrm{L}}$ 时,$\dfrac{\mathrm{d}\omega}{\mathrm{d}t} < 0$,系统速度减小;当 $T_{\mathrm{M}} = T_{\mathrm{L}}$ 时,$\dfrac{\mathrm{d}\omega}{\mathrm{d}t} = 0$,系统保持匀速。系统处于加速或减速的运动状态称为动态,系统处于恒速的运动状态称为稳态或静态。

传动系统的运动状态不同,可以不时的变化速度和方向,以及工作机械负载性质的不同,输出转矩 T_{M} 和负载转矩 T_{L} 不仅大小不同,方向也是变

化的，所以对式(1-1)中的转速、转矩符号给出一种约定(通常以转速 n 的方向作为参考来确定 T_M、T_L 的正负，如图 1-2 所示)：当 T_M 与 $n(+)$ 同向时为正，此时 T_M 为驱动转矩；当 T_M 与 $n(+)$ 反向时为负，此时 T_M 为制动转矩。T_L 与 $n(+)$ 反向时为正(制动)，反之，为负(拖动)。

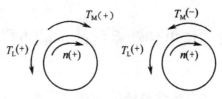

图 1-2 T_M、T_L 符号的约定

1.2.2 多轴机电传动系统的运动方程式

如图 1-3 所示为多轴机电传动系统。在这种情况下，为了列出这个系统的运动方程，必须先将各转动部分的转矩和转动惯量或直线运动部分的质量都折算到某一根轴上，一般折算到电动机轴上，即折算成图 1-1 所示的最简单的典型单轴系统。折算的基本原则是，折算前的多轴系统与折算后的单轴系统在能量关系上或功率关系上保持不变。

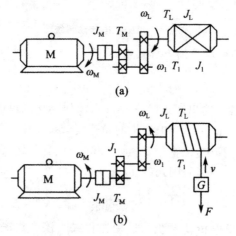

图 1-3 多轴机电传动系统

(a)旋转运动；(b)直线运动

(1)负载转矩的折算

当负载转矩是静态转矩时，可根据静态时的功率守恒原则进行折算。对于旋转运动，如图 1-3(a)所示，当系统匀速运动时，生产机械的负载功率为

$$P_L = T_L \omega_L$$

式中，T_L 为生产机械的负载转矩（N・m）；ω_L 为生产机械的旋转角速度（rad/s）。

电动机输出功率为

$$P_M = T_M \omega_M$$

式中，T_M 为电动机的输出转矩（N・m）；ω_M 为电动机转轴的角速度（rad/s）。

由于系统处于匀速运行时，电动机输出功率应该等于整个系统的负载功率，即相当于电动机轴上有一等效的负载转矩 T_{eq}，故有

$$P_M = T_{eq} \omega_M T_{eq}$$

考虑到传动机构在传递功率的过程中有损耗，这个损耗可以用传动效率 η 表示，即

$$\eta = \frac{P_L}{P_M} = \frac{T_L \omega_L}{T_{eq} \omega_M}$$

于是可得折算到电动机轴上的负载转矩为

$$T_{eq} = \frac{T_L \omega_L}{\eta \omega_M} = \frac{T_L}{\eta i} \tag{1-3}$$

式中，η 为电动机拖动生产机械运动时的传动效率；i 为传动机构的速比，$i = \omega_M / \omega_L$。

对于直线运动，如图 1-3（b）的卷扬机所示，若生产机械直线运动部件的负载力为 F，运动速度为 v，则所需的机械功率为

$$P_L = Fv$$

它反映在电动机轴上的机械功率为

$$P_M = T_{eq} \omega_M$$

式中，T_{eq} 为负载力 F 在电动机轴上产生的等效负载转矩。

如果是电动机拖动生产机械旋转或移动（如卷扬机拖动重物上升），则传动机构中的损耗应由电动机承担，根据功率平衡关系，有

$$T_{eq} \omega_M = Fv / \eta$$

将 $\omega_M = 2\pi n_M / 60$ 代入上式可得

$$T_{eq} = 0.955 Fv / (n_M / \eta) \tag{1-4}$$

式中，n_M 为电动机轴的转速（r/min）。

如果是生产机械拖动电动机旋转，则传动机构中的损耗由生产机械的负载来承担，于是有

$$T_{eq} \omega_M = Fv / \eta'$$

则
$$T_{eq} = 0.955 Fv \eta' / n_M \tag{1-5}$$

式中，η' 为生产机械拖动电动机运动时的传动效率。

(2)转动惯量的折算

转动惯量与运动系统的动能有关,因此,可根据动能守恒原则进行折算。设如表示折算到电动机轴上的总转动惯量,对于图 1-3(a)所示的旋转运动有

$$\frac{1}{2}J_{eq}\omega_M^2 = \frac{1}{2}J_M\omega_M^2 + \frac{1}{2}J_1\omega_1^2 + \frac{1}{2}J_L\omega_L^2$$

则

$$J_{eq} = J_M + \frac{J_1}{i_1^2} + \frac{J_L}{i_L^2} \qquad (1\text{-}6)$$

式中,J_M、J_1、J_L 为电动机轴、中间传动轴、生产机械轴上的转动惯量;ω_M、ω_1、ω_L 为电动机轴、中间传动轴、生产机械轴上的角速度;i_1 为电动机轴与中间传动轴之间的速比,$i_1 = \omega_M/\omega_1$;i_L 为电动机轴与生产机械轴之间的速比,$i_L = \omega_M/\omega_L$。

当速比 i_1 较大时,中间传动机构的转动惯量以在折算后占整个系统的比重不大。为计算方便起见,实际工程中多用适当加大电动机轴上的转动惯量 J_M 的方法来考虑中间传动机构的转动惯量 J_M 的影响,于是有

$$J_{eq} = \delta J_M + \frac{J_L}{i_L^2} \qquad (1\text{-}7)$$

式中,δ 一般为 $1.1 \sim 1.25$。

对于图 1-3(b)所示的直线运动,设直线运动部件的质量为 m,根据动能守恒有

$$\frac{1}{2}J_{eq}\omega_M^2 = \frac{1}{2}J_M\omega_M^2 + \frac{1}{2}J_1\omega_1^2 + \frac{1}{2}J_L\omega^2 + \frac{1}{2}mv^2$$

则折算到电动机轴上的总转动惯量为

$$J_{eq} = J_M + \frac{J_1}{i_1^2} + \frac{J_L}{i_L^2} + m\frac{v^2}{\omega_M^2} \qquad (1\text{-}8)$$

(3)多轴机电传动系统的具体运动方程式

依照上述折算方法,就可把具有中间传动机构、带有旋转运动部件或直线运动部件的多轴机电传动系统,折算成等效的单轴拖动系统,将所求得的 T_{eq}、J_{eq} 代入式(1-1)就可得到多轴机电传动系统的运动方程式为

$$T_M - T_{eq} = J_{eq}\frac{d\omega_M}{dt} \qquad (1\text{-}9)$$

或

$$T_M - T_{eq} = \frac{1}{9.55}J_{eq}\frac{dn_M}{dt} \qquad (1\text{-}10)$$

1.3　负载机械特性方程

从机电传动系统的运动方程式可以看出,分析系统的动力学关系,必须了解负载转矩 T_L。T_L 可能是不变的常数,也可能是转速 n 的函数。同一转轴上的负载转矩 T_L 和转速 η 之间的函数关系称为机电传动系统的负载特性,也就是生产机械的负载特性,有时也称为生产机械的机械特性。除特别说明外,一般所说的生产机械的负载特性均是指电动机轴上的负载转矩和转速之间的函数关系,即 $n = f(T_L)$。转矩 T_L 随转速咒变化的规律也不相同。典型的负载特性大体上可以归纳为以下几种。

1.3.1　恒转矩型负载特性

1.反抗转矩负载特性

反抗转矩负载的转矩大小不变,且其方向随着运动方向的改变而改变,总是保持与运动方向处于相反的方向,对运动系统起到阻碍作用。反抗转矩负载特性曲线如图 1-4(a)所示。按前面介绍的运动方程式中符号的约定法则可知,反抗转矩 T_L 与转速 n 取相同的符号,行为正时 T_L 为正,特性曲线在第一象限;行为负时 T_L 为负,特征曲线在第三象限。所以在转矩平衡方程式中,反抗转矩 T_L 的符号总是正的。

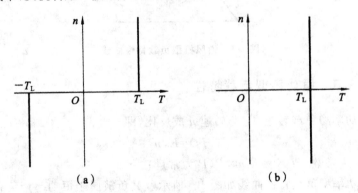

图 1-4　两种恒转矩负载特性曲线

(a)反抗转矩;(b)位能转矩

其负载属于反抗转矩负载的生产机械有提升机的行走机构、带式运输机、轧钢机、某些金属切削机床的平移机构等。

2.位能转矩负载特性

位能转矩①的负载与反抗转矩的负载特性不同,位能转矩的负载不随运动速度和方向的改变而改变,而是保持大小恒定不变。它在某方向阻碍运动,却在相反方向促进运动。位能转矩负载特性曲线如图1-4(b)所示,不管 T_L 为正向还是反向,T_L 都不变,特征曲线在第一、第四象限。所以在转矩平衡方程式中,反抗转矩 T_L 的符号有时为正、有时为负。

其负载属于位能转矩负载的生产机械有起重机的提升机构、矿井提升机构等。

1.3.2　通风机型负载特性

通风机型负载转矩 T_L 的大小与速度咒的平方成反比,即

$$T_L = Cn^2$$

式中,C 为比例常数。

这一类型的负载是按离心力原理工作的,其特性曲线如图1-5所示,属于这一类的生产机械有离心式通风机、离心式水泵等。

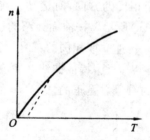

图 1-5　通风机型负载特性曲线

1.3.3　恒功率型负载特性

恒功率型负载转矩 T_L 与转速 n 成反比,即

$$T_L = K/n$$

式中,K 为常数,或 $K = T_L n \propto P$(P 为常量)。

恒功率型负载特性曲线如图1-6所示。其负载属于恒功率型负载的生产机械有机床的主轴机构和轧钢机的主传动机构等。例如,轧钢机轧制钢板时,工件小时需要高速度、低转矩,工件大时需要低速度、高转矩,不同转

① 位能转矩是由物体的重力和弹性体的压缩、拉伸与扭转等作用所产生的负载转矩。

速下切削功率基本不变。

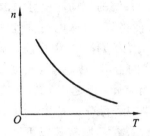

图 1-6　恒功率型负载特性曲线

　　以上所述恒转矩型负载、通风机型负载和恒功率型负载都是从各种实际负载中概括出来的典型的负载形式。

1.4　机电传动系统稳定运行的条件

　　从机电传动系统的运动方程式可以看出,保证系统匀速运转的必要条件是动转矩为零,即电动机轴上的拖动转矩 T_M 与折算到电动机轴上的负载转矩 T_L 大小相等,方向相反。从 OTn 坐标面上看,动转矩为零意味着电动机的机械特性曲线 $n = f(T_M)$ 和生产机械的负载特性曲线规:$n = f(T_L)$ 必须有交点,如图 1-7 所示。图中,曲线 1 表示异步电动机的机械特性,曲线 2 表示的生产机械的负载特性,两特性曲线有两交点 a 和 b。交点常称为机电传动系统的平衡点,但到底哪一个交点是系统的稳定运行点呢?

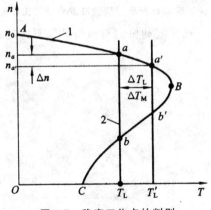

图 1-7　稳定工作点的判别

　　实际上只有点 a 才是系统的稳定运行点。假设系统原来工作在平衡点 a,此时 $T_M = T_L$。如果负载转矩突然增加了 ΔT_L,即 T_L 变为 T_L'($T_L' = T_L$

$+\Delta T_L$），而电动机来不及变化，仍工作在原来的点 a，其转矩仍为 T_M。于是，$T_M < T_L'$，由电动机传动系统的运动方程可知，系统要减速，n 要由 n_a 下降为 n_a'，电动机的工作点转移到 a'，从电动机机械特性曲线的 AB 段可以看出，电动机转矩 T_M 将增大为 T_M'。当干扰消除后，必有 $T_M' > T_L$，迫使电动机转速上升。随着转速的上升，转矩 T_M 又要减小，直到 $n_a = n_a'$，$T_M = T_L$，系统又回到原来的运行点 a。反之，若 T_L 突然减小，则 n 上升，当干扰消除后，系统也能回到原来的运行点 a，所以 a 点是系统的稳定运行点。

在 b 点，若负载 T_L 突然增大，则转速以下降，从电动机机械特性曲线的 BC 段可以看出，电动机的电磁转矩 T_M 要减小。当干扰消除后，有 $T_M < T_L$，又使得 n 下降，T_M 随 n 的下降而进一步减小，促使 n 再进一步减小，直至到零，电动机停转。所以，b 点不是系统的稳定运行点。

同理，可以看出图 1-8 中的交点 6 是系统的稳定运行点。

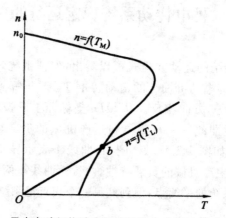

图 1-8　异步电动机拖动直流他励发电动机工作时的特性

一般负载情况下，只要电动机的机械特性是下降的，整个系统就能够稳定运行。

第2章 机电传动控制系统的控制电动机

机电传动控制系统的控制电动机是指能够用于远距离测量、自动控制以及计算装置中的微特电机。

本章主要阐述伺服电动机及其控制、步进电动机的驱动与控制和力矩电动机的结构特性。

2.1 伺服电动机及其控制

2.1.1 交流伺服电动机

1.两相交流伺服电动机的结构

与普通一步电动机的结构类似,两相交流伺服电动机的定子绕组与单相电容式异步电动机的结构相类似。其定子用硅钢片叠成,在定子铁芯的内圆表面上嵌入两个相差 $90°$ 电角度(即 $90°/p$ 空间角)的绕组,一个称为励磁绕组(WF),另一个称为控制绕组(WC),如图 2-1 所示。

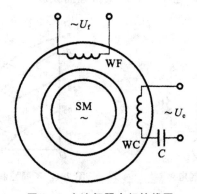

图 2-1　交流伺服电机接线图

两相交流伺服电动机的转子一般分为鼠笼式转子和杯形转子两种结构形式的。

两相交流伺服电动机的鼠笼式转子与三相笼型电动机的转子结构相似,杯形转子的结构如图 2-2 所示。

因此,目前两相交流伺服电动机的鼠笼式转子的导条通常都是用高电阻材料(如黄铜、青铜)制成,杯形转子的壁很薄,一般只有 0.2~0.8mm,因而转子电阻较大,且转动惯量很小。

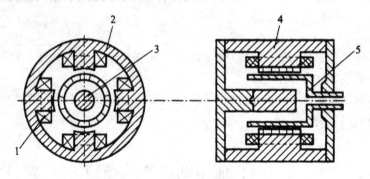

图 2-2　杯形转子结构

1—励磁绕组;2—控制绕组;3—内定子;4—外定子,5—转子

2.两相交流伺服电动机的特性

两相交流伺服电动机的控制方法有三种:幅值控制,相位控制,幅值-相位控制。生产中应用幅值控制的最多,下面只讨论幅值控制法。

图 2-3 为幅值控制电路的一种接线图。

从图 2-3 中看出,两相绕组接于同一单相电源,适当选择电容 C,使 U_f 与 U_c 相角相差 $90°$,改变 R 的大小,即改变控制电压 U_c 的大小,可以得到图 2-4 所示的不同控制电压下的机械特性曲线簇。

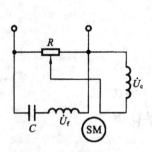

图 2-3　幅值控制电路

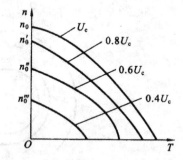

图 2-4　不同控制电压下的机械特性

由图 2-4 可见,在一定负载转矩下,控制电压越高,转差率越小,电动机的转速就越高,不同的控制电压对应着不同的转速。这种维持 U_f 与 U_c 相角相差 $90°$,利用改变控制电压幅值大小来改变转速的方法,称为幅值控制方法。

3. 交流伺服电动机的应用原理

交流伺服电动机主要是通过调控电压 U_c 来控制电动机的,当加压时,可以启动控制,当断开电压时,可以停止控制。并且转速的大小也可通过加压的高低来调控,通过调控电压的正负可以调控电动机的转向。交流伺服电动机是控制系统中的原动机。图 2-5 所示为交流伺服电动机在自动控制系统中的典型应用方框图。

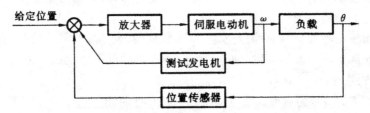

图 2-5　交流伺服电动机的典型应用原理框图

由此看出,伺服电动机的性能直接影响着整个系统的性能。因此,系统对伺服电动机的静态特性、动态特性都有相应的要求,这是在选择电动机时应该注意的。

交流伺服电动机的输出功率一般是 $0.1\sim100W$,其电源频率有 50Hz、400Hz 等几种。在需要功率较大的场合,则应采用直流伺服电动机。

2.1.2　直流伺服电动机

直流伺服电动机通常用于功率稍大的系统中,其输出功率一般为 $1\sim600W$。图 2-6(a)、(b)所示分别为他励式(传统电磁式)、永磁式两种类型直流伺服电动机的原理。

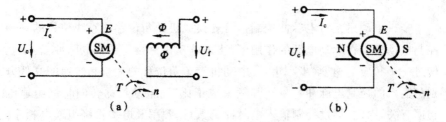

图 2-6　他励式和永磁式直流伺服电动机原理

(a)他励式;(b)永磁式

除上述两种形式的电动机外,还有低惯量型直流伺服电动机,它有无槽电枢、杯形电枢、印刷绕组、无刷电枢电动机等几种。

直流伺服电动机的机械特性方程与他励直流电动机机械特性方程相

同,即

$$n = \frac{U_c}{C_e \Phi} - \frac{R}{C_e C_m \Phi^2} T \qquad (2-1)$$

式中,U_c 为电枢控制电压;R 为电枢回路电阻;Φ 每极磁通;C_e、C_m 电动机结构常数。

由直流伺服电动机的机械特性方程可以看出,改变控制电压 U_c 或改变磁通 Φ 都可以控制直流伺服电动机的转速和转向,前者称为电枢控制,后者称为磁场控制。

由于电枢控制具有响应迅速、机械特性硬、调速特性线性度好的优点,故而实际生产中大都采用电枢控制方式(永磁式伺服电动机只能采取电枢控制方式)。

图 2-7 所示为直流伺服电动机的机械特性曲线。

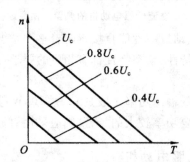

图 2-7 直流伺服电动机的机械特性曲线

2.2 步进电动机的驱动与控制

步进电动机是将电脉冲控制信号转换成机械角位移或直线位移的一种控制电动机。在驱动电源的作用下,步进电动机每接受一个电脉冲,转子就转过一个相应的角度(步距角)。电动机转子角位移的大小和转速的高低分别与输入的控制电脉冲数量及其频率成正比,而电动机的转向与绕组通电相序有关,因此,通过控制输入电脉冲的数目、频率及电动机绕组通电相序,就可获得所需要的转角、转速及转向,所以利用微型计算机很容易实现步进电动机的开环数字控制。

2.2.1 步进电动机的分类和工作原理

步进电动机通常可分为 3 种类型,即反应式(VR)、永磁式(PM)和混合式（HB）步进电动机。此外，目前又出现了新的步进电动机类型，如直线步进电动机和平面步进电动机。

1. 反应式步进电动机

反应式步进电动机的定子和转子均由软磁材料制成，是一种利用磁阻的变化产生反应转矩的步进电动机，因此又称为可变磁阻式步进电动机。反应式步进电动机的原理如图 2-8 所示。从图中可以看出，电动机的定子上有 6 个磁极，每个磁极上都装有控制绕组，每两个相对的磁极构成一相。转子上均匀分布有 4 个齿，转子齿上没有绕组。

图 2-8　三相单三拍反应式步进电动机工作原理

当 A 相控制绕组通电、B 相和 C 相不通电时，定子 A 相磁极产生磁通，而这个磁通要经过磁阻最小的路径形成闭合磁路。转子与定子间的相对位置不同，磁路的磁阻也不同：当齿-齿相对时，磁路的磁阻最小；当齿-槽相对时，磁路的磁阻最大。因此，转子齿 1、3 将与定子的 A 相磁极对齐，如图 2-9（a）所示。若 A 相断电、B 相通电时，B 相磁极产生的磁通同样也要经过磁阻最小的路径形成闭合磁路，于是转子逆时针转过 30°，使转子齿 2、4 和定子的 B 相磁极对齐，如图 2-9（b）所示。如再使 B 相断电、C 相通电时，转子又将逆时针转过 30°，使转子齿 1、3 和定子的 C 相磁极对齐，如图 2-9（c）所示。如果按照 A→B→C→A→…的顺序循环往复地通电，步进电动机将按一定的速度沿逆时针方向一步步地转动。当按照 A→C→B→A→…的顺序通电时，则步进电动机的转动方向将变为顺时针方向。

在步进电动机的控制过程中，定子绕组每改变一次通电方式，称为一拍。上述的通电控制方式在每次切换前后只有一相绕组通电，并且经过三次切换使控制绕组的通电状态完成一次循环，故称为三相单三拍。此外，三相步进电动机还有三相双三拍、三相六拍通电方式。在三相双三拍通电方式中，控制绕组的通电顺序为 AB→BC→CA→AB→…（转子逆时针旋转）或 AC→CB→BA→AC→…（转子顺时针旋转）。对于三相六拍通电方式，控制绕组的通电顺序为 A→AB→B→BC→C→CA→A→…（转子逆时针旋转)或 A→AC→C→CB→B→BA→A→…(转子顺时针旋转),如图 2-9 所示,转子的具体运转情况请读者自行分析。

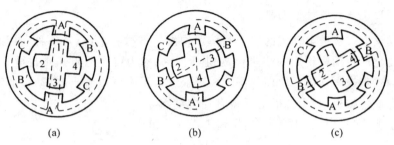

(a)　　　　　　　　　(b)　　　　　　　　　(c)

图 2-9　三相六拍反应式步进电动机工作原理

通过步进电动机工作原理的分析可以看出,对于同一台三相步进电动机,其通电方式不同,则步距角也不相同:单三拍和双三拍的步距角为 30°,而六拍的步距角为 15°。因此,在采用三相六拍通电方式时,步进电动机的步距角是三相单三拍和三相双三拍时的一半。

步进电动机的步距角 β 与转子齿数、控制绕组的相数和通电方式有关,可由下式计算:

$$\beta=\frac{360^{\circ}}{mZK} \tag{2-2}$$

式中,β 为步距角,(°);m 为步进电动机的相数,对于三相步进电动机,$m=3$;K 为通电状态系数,单三拍或双三拍时,$K=1$;六拍时,$K=2$;Z 为步进电动机转子的齿数。

步进电动机的转速可通过下式计算:

$$n=\frac{60f}{mZK} \tag{2-3}$$

式中,n 为步进电动机的转速,r/min;f 为步进电动机的通电脉冲频率,即每秒的拍数(或步数),脉冲/s。

由式(2-2)和式(2-3)可以看出,步进电动机的相数和转子齿数越多,则步距角越小;在一定的脉冲频率下,电动机的转速也就越低。

【例 2-1】 已知三相步进电动机的转子齿数为 120,其工作在三拍工作方式,求其步距角大小。

解:控制方式系数 $K=$ 拍数/相数$=3/3=1$

则步距角为

$$\beta=\frac{360}{Z\cdot m\cdot K}=\frac{360}{120\times3\times1}=1(°)$$

2.永磁式步进电动机

永磁式步进电动机的转子一般使用永磁材料制成,故得此名。如图

2-10 所示是永磁式步进电动机的典型原理结构图,转子为一对或几对磁极的星形磁钢,定子上绕有两相或多相绕组,电源按正负脉冲供电。当定子 A 相绕组正向通电时,在 A 相的 A(1)、A(3)端产生 S 极,A(2)、A(4)端产生 N 极。基于磁极同性相斥、异性相吸原理,转子位于图 2-10(a)所示的位置上。当 A 相断电、B 相绕组正向通电时,B 相的 B(1)、B(3)端产生 S 极,B(2)、B(4)端产生 N 极,转子将顺时针旋转 45°至图 2-10(b)所示的位置。当 B 相断电、A 相负向通电时,A 相的 A(1)、A(3)端产生 N 极,A(2)、A(4)端产生 S 极,转子继续顺时针旋转 45°至图 2-10(c)所示的位置。当 A 相断电、B 相负向通电时,B 相的 B(1)、B(3)端产生 N 极,B(2)、B(4)端产生 S 极,转子继续顺时针旋转 45°至图 2-10(d)所示的位置。

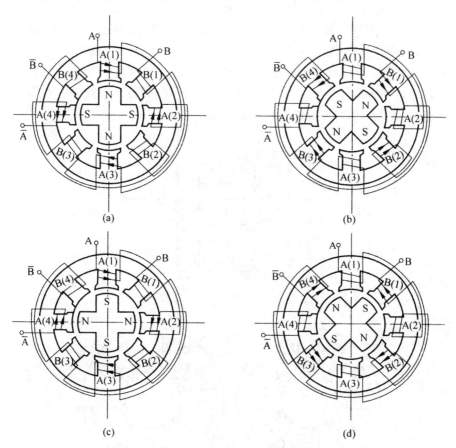

图 2-10　永磁式步进电动机原理结构图

按上述 A→B→$\overline{A}$→$\overline{B}$→…单四拍方式循环通电,转子便连续旋转。也可按 AB→B $\overline{A}$→$\overline{AB}$→$\overline{B}$A…双四拍方式通电,步距角均为 45°。当按照 A→AB→B→B $\overline{A}$→$\overline{A}$→$\overline{AB}$→$\overline{B}$→$\overline{B}$A→…八拍方式通电时,步距角为 22.5°。

对于永磁式步进电动机,若要减小步距角,可以增加转子的磁极数和定子的齿数,然而转子制成N—S相间的多对磁极十分困难,加之必须相应增加定子极数和定子绕组线圈数,这些都将受到定子空间的限制,因此永磁式步进电动机的步距角一般都较大。

3.混合式步进电动机

混合式步进电动机在永磁和变磁阻原理的共同作用下运转,也可称为永磁感应式步进电动机。它兼具了反应式步进电动机步距角小、启动频率和运行频率高的优点以及永磁式步进电动机励磁功率小、无励磁时具有转矩定位的优点,成为目前市场上的主流品种。和永磁式步进电动机相同的是,这类电动机要求电源提供正负脉冲。

图 2-11 是混合式步进电动机的剖面图,其中图 2-11(a)是电动机轴向剖面图,图 2-11(b)是电动机 x、y 方向的剖面图。由图中可以看出,电动机转子上装有一个轴向磁化永磁体,用来产生一个单向磁场。转子分为两段,一段经永磁体磁化为 S 极,另一段则磁化为 N 极,每段转子齿以一个齿距间隔均匀分布,但是两段转子的齿之间相互错开 1/2 个转子齿距。定子上

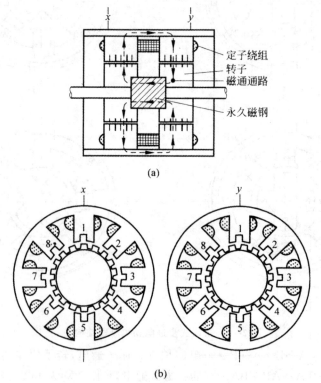

图 2-11　混合式步进电动机剖面图

有 8 个磁极,每相绕组分别绕在 4 个磁极上,图中 A 相绕组绕在 1、3、5、7 磁极上,B 相绕组绕在 2、4、6、8 磁极上,每相相邻磁极上的绕组以相反方向缠绕,以便使相邻磁极产生方向相反的磁场。

2.2.2　步进电动机的环形分配器

环形分配器的主要功能是把来自变频信号源的脉冲序列按一定的规律分配后,经过功率放大器的放大加到步进电动机驱动电源的各项输入端,以驱动步进电动机的转动。同时步进电动机有正反转的要求,所以这种环形分配器的输出既是周期的,又是可逆的。因此环形分配器是一种特殊的可逆循环计数器,但这种计数器的输出不是一般编码,而是按步进电动机励磁状态要求的特殊编码。

步进电动机的环形分配器有硬件和软件两种方式。硬件环形分配器由硬件构成。软件环形分配器由计算机软件设计的方法来实现环分的要求,通常称为软环形分配器。

1. 软环形分配器

软环形分配器的脉冲分配和方向控制都由软件解决,硬件结构简单。图 2-12 是典型软环形分配器的硬件结构框图。

图 2-12　软环形分配器硬件结构框图

软环形分配器的设计方法主要有查表法、比较法、移位寄存器法等。其中最常用的是查表法。

查表法的基本设计思想是结合驱动电源线路,按步进电动机励磁状况转换表要求,确定软环形分配器输出状态表,将其存入存储器中。运行程序时,依次将输出状态表中的数据,也就是对应存储器单元的内容送到 CPU 的输出口,使 P_0,P_1,P_2 依次送出控制信号,从而使步进电动机绕组轮流通电。

表 2-1 给出了三相反应式步进电动机三相六拍软环形分配器的输出状态表,K 为存储单元基地址(十六位二进制数),后面所加的数为地址的索引值。

表 2-1   三相反应式步进电动机三相六拍软环形分配器输出状态表

节拍序号	存储单元		C	B	A	对应通电相
	地址	内容	P_2	P_1	P_0	
1	K+0	01H	0	0	1	A
2	K+1	03H	0	1	1	AB
3	K+2	02H	0	1	0	B
4	K+3	06H	1	1	0	BC
5	K+4	04H	1	0	0	C
6	K+5	05H	1	0	1	CA

由表可见,要使步进电动机正转,只需依次输出表中存储单元中的内容即可。当输出状态已是表底状态时,则修改索引值使下一次输出重新为表首状态。如果要使步进电动机反转,则只需反向依次输出各存储单元的内容,当输出状态到达表首状态时,则修改索引值使下一次输出重新为表底状态。

软环形分配器的硬件结构简单,系统的成本低,更改灵活,有利于系统的小型化。但是,输出状态表要占用计算机 CPU 时间,往往受计算机运算速度的限制,有时难以满足高速实时控制的要求。

2.硬环形分配器

硬环形分配器会增加硬件的成本,但具有软件简单,响应速度快,占用 CPU 时间少等优点。硬环形分配器的种类很多,其中比较常用的是专用的集成芯片,如 CH250、L297 系列等步进电动机环形分配器。

CH250 是上海无线电十四厂专为三相反应式步进电动机设计的环形分配器,在配合适当的三相功率放大电路后,就可使三相步进电动机作双三拍或三相六拍运行。它采用 CMOS 工艺,集成度好,可靠性高,结构简单,价格低廉,既易于与计算机接口,又易于与驱动电路相连,且控制简单,因此在生产中容易得到推广和应用,是控制三相步进电动机的比较理想的集成芯片。CH250 具有抗干扰能力强的特点,噪声容限为 $35\%U_{DD}$,U_{DD} 在 $4\sim$ 18V 范围内都可正常工作。

L297 是意大利 SGS 半导体公司生产的步进电动机专用控制器,它能产生四相控制信号,可用于计算机控制的两相双极和四相单极步进电动机,该电路能够用单四拍、双四拍、四相八拍方式控制步进电动机。芯片内的 PWM 斩波器电路可在开关模式下调节步进电动机绕组中的电流。该集成电路采用了 SGS 公司的模拟/数字兼容的 I^2L 技术,使用 5V 的电源电压,全部信号的连接都是与 TTL/CMOS 或集电极开路的晶体管兼容。L297 的芯片管脚特别紧凑,该器件采用双列直插 20 脚塑封封装。

2.2.3　步进电动机的驱动

步进电动机的驱动电路实际上是一种脉冲放大电路,它主要对环形分配器的较小输出信号进行放大,使脉冲具有一定的功率驱动能力。驱动电路中的功率放大器件主要有晶闸管(SCR)、可关断晶闸管(GTO)、功率晶体管、达林顿晶体管(DarL)、场效应晶体管(MOSFET)等各种功率模块。

晶闸管是在 20 世纪 60 年代发展起来的一种新型电力半导体器件,是一种脉冲触发的开关器件。它的优点主要是功率放大倍数大、控制灵敏、反应快、损耗小、效率高、体积小、质量小等。晶闸管虽有上述优点但也存在一些缺点,如过载能力弱,抗干扰能力差,导致电网电压波形畸变。另外,晶闸管虽然触发简单,但关断困难,尽管后来又发展了可关断晶闸管,但总地来说控制电路仍比较复杂。

功率晶体管的功率损耗比同样功率等级的晶闸管低得多。同时,当晶体管基极电流消失,或反偏时,晶体管立即截止,实际上不存在关断问题,也不需要昂贵而复杂的换相电路。但是,目前现有的功率晶体管的电压和电流额定值还没有晶闸管那么高,而且功率晶体管不具备承受浪涌电流的能力。同时,为保持功率晶体管处于导通状态,基极需要连续通过电流。另外,其放大倍数较小,一般只有十几至几十倍,因此在负载电流较大时,基极电流也较大,故基极电路中的功率损耗相当大。

达林顿晶体管是一种复合管,它的电流放大倍数可达千倍以上。这样高的电流增益,正向导通压降也很高,由此而引起的功率损耗也很大。但不管怎样,采用功率晶体管的电路与采用晶闸管的电路相比,体积更小,价格也更低。

场效应功率管是新发展起来的功率器件,它属于电压控制的功率放大器件,有很高的输入阻抗,用小的电压信号就可以控制很大的功率。目前,这种功率管在许多场合已取代了晶体管。

驱动电路中对步进电动机性能有明显影响的部分是输出级的结构。因此,步进电动机驱动电路也往往以此来命名。步进电动机的驱动电路可以分为:单电压型、双电压型、斩波恒流型、调频调压型和平滑细分型等。

1. 单电压电路

所谓单电压电路,是指在电动机绕组工作过程中,只用一个电源对绕组供电。20 世纪 60 年代初期,国外就已大量使用这种电路。图 2-13 给出了一种最简单的单电压驱动电路。上一级的输出脉冲信号 E 作用于晶体管 T 的基极,该晶体管的集电极经外接电阻尺接电动机的一相绕组 L,绕组的另一端直接与电源 $+U$ 相连。二极管 D 反接在晶体管集电极和电源之间。下面对该电路进行分析。

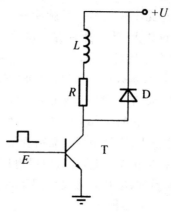

图 2-13 单电压电路

晶体管 T 工作于开关状态。当基极输入为高电平时,该晶体管导通,如果忽略晶体管的导通压降,则电源电压作用在电阻 R 和绕组 L。但由于流过绕组线圈乙的电流不能突变,在接通电源后绕组中的电流按指数规律上升,其时间常数 $\tau=L/r$(L 为绕组电感,r 为绕组电阻),须经 3τ 时间后才能达到稳态电流。由于步进电动机绕组本身的电阻很小(约零点几欧姆),所以时间常数很大。为了减小时间常数,在步进电动机绕组中串联电阻 R,这样时间常数 $\tau=L/(R+r)$ 就大大减小,缩短了绕组中电流上升的过渡过程,从而提高了工作速度。绕组回路串入电阻增加了回路的阻尼,使电流振荡大幅度减少,对减少电机的共振也有利。当电流达到稳态值之后,绕组 L 上的电压接近为零,而电压全部加在电阻 R 上,故稳态电流 $i_L=+U/R$。图 2-14 为该电路中有关电压、电流的波形图,图中 i_L 的前沿和后沿之所以不陡,是由于电感(绕组)的作用造成的。当基极输入低电平,该晶体管截止时,电动机绕组将产生一个很大的反电势。为了防止晶体管被击穿,所以在电路中加了一个二极管,它在晶体管 T 截止时起续流和保护作用。如果在二极管的支路上串联一个电阻 R_D,见图 2-15(a)所示,就能减小电路中电感放电的时间常数,使放电加快,从而使绕组电流后沿变陡,对提高步进电动机的高频性能有利。但却使步进电动机的低频特性变坏,对转子的阻尼作用减弱,容易引起低频共振使运行不平稳,尤其是在二极管 D 开路时甚至会出现失步现象。

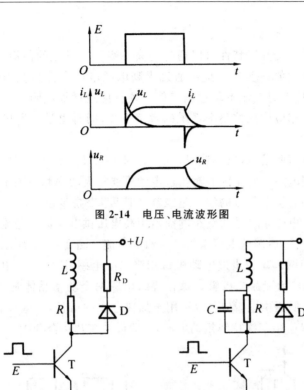

图 2-14　电压、电流波形图

图 2-15　改进的单电压电路

(a)加泄放电阻；(b)加电容

单电压驱动电路的优点是电路只用一个电源，每相绕组只用一个功率元件，线路简单。缺点是效率低，尤其对高频工作的步进电动机更为严重。电阻尺上的功率消耗所产生的热量对驱动器正常工作很不利，在设备安装时必须考虑通风散热问题，这就使整个驱动器的体积增加，结构复杂。因此单电压驱动电路常用于小功率的步进电动机的驱动。

单电压驱动电路还有一些改进形式，例如在外接电阻 R 上并联一个电容 C，如图 2-15(b)所示。并联电容的目的是由于电容两端的电压不能突变，在绕组由截止到导通的瞬间，电源电压全部降落在绕组上，使电流上升更快，所以 C 又称为加速电容，但该电容会使低频时振荡加剧，使低频特性变坏。因此使用时要考虑到这一点。

这种并接电容的电路的特点是，在相同的电路、电压和外接电阻下，使流入绕组的电流平均值增加了，从某种意义上讲是提高了效率。因此这种并联电容的电路目前使用较为广泛，甚至在要求较高的场合中也有应用。

2.双电压电路

改善驱动器的高频特性可以通过提高绕组导通电流的前沿,亦即提高绕组电流的平均值来实现。虽可通过提高电源电压来提高绕组电流的前沿,但为保持稳态时电流不超过额定值必须相应地增加电阻尺的值。此时电阻上的损耗相应增加使整个系统的效率下降,同时也带来通风散热等一系列问题。

采用双电压驱动就可以有效地解决此问题。双电压电路习惯上也称为高低压切换型电路。它是随着对步进电动机要求大功率和高频工作而出现的。主要是加大绕组电流的注入量及注入速度,提高步进电动机的输出功率。它的基本思想是在导通绕组的前沿用高电压供电来提高电流的前沿上升率,而在前沿过后用低电压来维持绕组的电流。图 2-16(a)所示为一相单元电路的原理图。L 为步进电动机每相绕组的电感,R 为外接电阻,D_1 为隔离二极管,D_2 为泄放二极管。每相绕组串联两个功率晶体管 T_1 和 T_2,分别由高压和低压供电,高压 $+U_1$ 用于加速电流的增长,一般设计在 $80\sim120V$;低压 $+U_2$ 用于维持绕组的电流,一般设计在几伏至 $30V$。

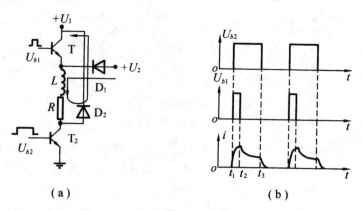

图 2-16　双电压驱动线路
(a)原理图;(b)电压、电流波形图

其工作过程如下:U_{b2} 是加到晶体管 T_2 基极上的电压,它可由环形分配器输出的脉冲信号或经过几级放大获得;U_{b1} 是加到晶体管 T_1 基极上的电压,它可由微分电路或其他整形电路使脉冲 U_{b2} 变窄(一般将其脉宽整定为 $1\sim3ms$)来获得。U_{b2} 和 U_{b1} 的前沿应保持同步。在 $t_1\sim t_2$ 时间内,由于 U_{b2} 和 U_{b1} 均为高电平,所以晶体管 T_1 和 T_2 均饱和导通,高电压 $+U_1$ 经 T_1 和 T_2 加到步进电动机的绕组 L 上,使其电流迅速上升,当时间到达 t_2 时,U_{b1} 变为低电平,晶体管 T_1 截止,步进电动机绕组的电流由低电压电源 $+U_2$ 来维持,此时电流下降到步进电动机的额定电流,直到 t_3 时,U_{b2} 也变为低电平,晶体管 T_2 截止。当晶体管 T_1、T_2 都截止后,步进电动机绕组电流经 D_1、绕组 L、电阻 R、D_2 泄放,将能量回馈给高电压电源,这样既达到了缩短泄放时间,又可节约电能的作用。快速的泄放有利于提高驱动电路的高频响应性能,图 2-16(b)为电压、电流波形。

这种驱动电路常用于大功率的驱动电源。它所具有的优点是:功耗小,启动转矩大,工作频率高。缺点是功率晶体管的数量要增加一倍,增加了驱动电源;同时低频时步进电动机振动噪声大,存在低频共振现象。

3.斩波电路

以上介绍的各种驱动电路为了使输出电流保持额定值,采取了各种措施。而恒流斩波驱动电路(又称波顶补偿电路),可以很好地解决这个问题。恒流斩波电路与双电压电路输出电流波形的比较如图 2-17 所示。恒流斩波电路的原理如图 2-18 所示。环形分配器输出的脉冲信号经放大后直接加到晶体管 T_2 的基极,另外该脉冲信号与鉴幅电路的输出相与后经放大后加到晶体管 T_1 的基极。

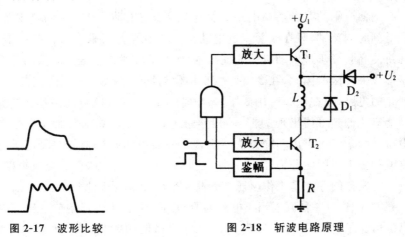

图 2-17　波形比较　　　　图 2-18　斩波电路原理

恒流斩波电路的工作过程如下:环形分配器输出高电平时晶体管 T_1、T_2 导通,此时电路由高电压电源 $+U_1$ 来供电,绕组 L 上的电流上升。当 L 上的电流上升到额定值以上时,取样电阻 R 上端取出的电压将超过鉴幅门限,鉴幅电路输出低电平,则与门输出低电平使晶体管 T_1 截止。此时电路由低电压电源 $+U_2$ 来供电,绕组 L 中的电流开始下降。当降到额定值以下时,取样电阻上端的电压也降低到鉴幅电路的门限电压以下。此时,鉴幅电路的输出为高电平,与门输出为高电平使晶体管 T_1 再次导通,绕组中电流又开始上升。如此反复,步进电动机绕组中的电流就稳定在额定值上,形成小小的锯齿波。如图 2-17 中所示,当环形分配器输出低电平时,晶体管 T_1

和 T_2 都截止。此时绕组的续流与双电压驱动时相同,经 D_2、L、D_1 向电源泄放。

恒流斩波电路中,由于驱动电压较高且步进电动机绕组回路又不串电阻,所以电流上升很快。当到达所需值时,由于取样电阻的反馈控制作用,绕组电流可以恒定在确定的数值上,而且不随电机的转速而变化,从而保证在很大的频率范围内步进电动机都能输出恒定的转矩。这种驱动器所具有的其他特点是:

①由于绕组回路未串外接电阻,而取样电阻又很小,因此整个系统的功耗下降了很多,相应提高了效率。

②输出转矩均匀,冲击小。

③低频共振现象基本消除,在任何频率下,电机都可稳定运行。

④线路较复杂,对于小功率步进电动机,也可把功率晶体管 T_2 去掉,称为单电压电路的一种改进形式。

4.调频调压电路

上面介绍的几种功放电路都没有涉及步进电动机绕组中的电流在高频和低频时的差别,只在改善步进电动机高频特性方面采取了一些措施。这样将使高频段步进电动机性能提高了,而在低频段使主振区的振荡加剧,甚至形成失步区。因此,在 20 世纪 70 年代初期发展成一种电压能随频率而变化的电路,即在低频时用低压,高频时用高压,这样既可使高频性能提高,又能避免低频可能出现的振荡,使步进电动机的频率特性曲线变得平坦。电压随频率变化可由不同方法来实现。最简单的办法是分频段调压,把步进电动机工作频段分为几段,每段工作电压不同,由此来弥补低频振荡的影响。更完善的办法是工作电压随着频率变化而成正比地变化。

图 2-19 为一种调频调压电路的原理图。末级功放仍是单电压的结构,只是增加了比较器和调压电路。其高频和低频时的电流波形如图 2-20 所示。

该电路工作过程是:控制频率信号 f 一方面经分配器控制开关管 T_2 的导通或截止;另一方面经频率/电压转换器(F/V),将频率变换成与之成正比的电压 V_1,V_1 与周期为 T 的锯齿波电压 V_2 进行比较。在 $V_1 < V_2$ 期间(t_1 期间),比较器输出低电平使调压开关管 T_1 导一通,输出脉冲电压 u_1。在 $V_1 > V_2$ 期间,比较器输出高电平使 T_1 截止,输出电压 u_1 为零。此脉冲电压经 D_1,L_1,C 组成的滤波器输出工作电压 u_2。当控制频率 f 升高时,V_2 随之升高,经比较器使 T_1 的导通角 α 变大($\alpha = t_1/T$),从而使工作电压 u_2($u_2 = au_1$)升高,同理当 f 下降时 u_2 也随之下降,由此实现了工作电压随频率成正比的变化。调频调压电路可较好地适应步进电动机工作频率的变化,是一种高性能宽频率带驱动电路。

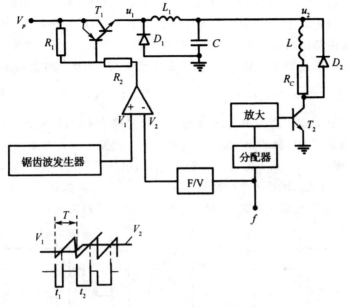

图 2-19　调频调压电路原理

(a)　　　　　　　　　　　　(b)

图 2-20　调频调压电路的电流波形

(a)低频;(b)高频

5.细分驱动

步进电动机的分辨率若想得到提高,就需要将将步距角减小,同时这样做还能够使电动机的振动减弱,相应的减小电动机发出的噪声,总体能够改善电动机的性能,使步进电动机使用其他更加的方便。其采取的措施可以使减少通入的电流,或者是通过切断电流进行,总之使步距角通过细分而得到减小。

下面用磁势转换图来分析细分驱动的原理,并以三相反应式步进电动机为例说明。

对应于半步工作状态。状态转换表为 $A—AB—B—BC—C—CA—\cdots$,如果要将每一步细分成四步走完,则可将电动机每相绕组的电流分四个台阶投入或切除。图 2-21 画出了四细分时各相电流的变化情况,横坐标上标出的数字为切换输入 CP 脉冲的序号。同时也表示细分后的状态序号。初始状态 0 时,A 相通额定电流,即 $i_A = I_N$,当第一个 CP 脉冲到来时,B 相不是马上通额定电流,而是只通额定电流的四分之一,即 $i_B = I_N/4$,此时电动机的合成磁势由 A 相中 I_N 与 B 相中 $I_N/4$ 共同产生。由图 2-22(a)可看出合成磁势的旋转情况。状态 2 时,A 相电流未变,而 B 相电流增加到 $i_B = I_N/2$;状态 3 时,$i_A = I_N$,$i_B = \frac{3}{4} I_N$;状态 4 时,$i_A = I_N$,$i_B = I_N$。未加细分时,从 A 到 AB 状态只需一步,而在细分工作时经四步才运行到 AB,这四步的步距角为 $\theta_1, \theta_2, \theta_3$ 和 θ_4(见图 2-22),这四步才走完半步状态工作时一步的步距角,即 $\theta_1 + \theta_2 + \theta_3 + \theta_4 = \theta_b$。图中还表示出从 $AB \rightarrow B$ 细分的情况。不细分时,完成状态转换一个循环走六步,即 $m_1 = 6$,电动机转角为 $\theta = 6\theta_b$;细分后需 24 步才完成一个循环,即 $m_1 = 24$,电动机转角仍为 $6\theta_b$。

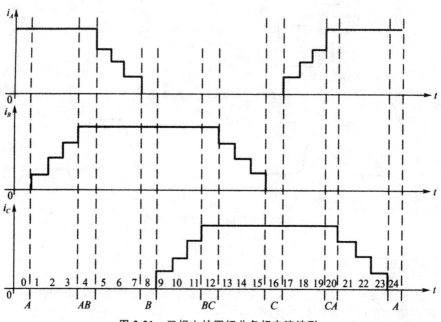

图 2-21 三相六拍四细分各相电流波形

不细分时,即电动机运行六拍时,每步的步距角理论上是一样的,即 $\theta_b = 60°$(电度角),细分后步距角应为 $15°$,但上述细分方法各步的步距角理论值就不相同,其中由包含 θ_1 的三角形中可以得出

$$\frac{\sin(120° - \theta_1)}{4} = \frac{\sin\theta_1}{1}$$

$$\sin120°\cos\theta_1 - \cos120°\sin\theta_1 = 4\sin\theta_1$$

$$\sin120°\cos\theta_1 = 4\sin\theta_1 + \cos120°\sin\theta_1$$

$$\tan\theta_1 = \frac{\sin\theta_1}{\cos\theta_1} = \frac{\sin120°}{4+\cos120°}$$

$$\tan\theta_1 = \frac{\dfrac{1}{4}\cos30°}{1-\dfrac{1}{4}\sin30°}$$

可得
$$\theta_1 = 13.9°$$

由
$$\tan(\theta_1+\theta_2) = \frac{\dfrac{2}{4}\cos30°}{1-\dfrac{2}{4}\sin30°}$$

得
$$\theta_2 = 30° - \theta_1 = 16.1°$$

由
$$\tan(\theta_1+\theta_2+\theta_3) = \frac{\dfrac{3}{4}\cos30°}{1-\dfrac{3}{4}\sin30°}$$

得
$$\theta_3 = 16.1°$$

同理
$$\theta_4 = 13.9°$$

可见,四细分时步距角有两个数值,即 13.9° 及 16.1°。

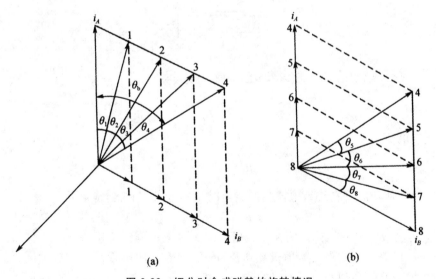

图 2-22　细分时合成磁势的旋转情况

步距角不均匀容易引起电动机振动和失步。如果要使细分后步距角仍然一致,则通电流的台阶就不应该是均匀的。如若使 θ_1 为 15°,则 i_B 应满足

$$\tan 15° = \frac{i_B \cos 30°}{I_N - i_B \sin 30°}$$

得 $\qquad\qquad i_B = 0.2679 I_N$

同理可计算出 $\theta_2, \theta_3, \theta_4$ 都为 $15°$ 时的 i_B 值。

利用前面的计算可知,绕组电流的大小影响到细分驱动。因此驱动中的关键是绕组电流。

利用单电压的原理实现细分驱动可以有两种线路,其一是使功放管工作在放大区,利用集电极电流 i_c 与基极电流 i_b 成正比的关系即可组成简单的细分电路,如图 2-23 所示,此时

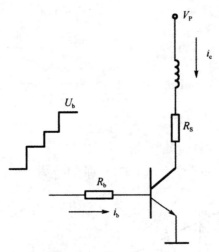

图 2-23　线性放大细分

$$i_b = \frac{u_b - u_{be}}{R_b}$$

绕组电流

$$i_c = \beta I_b = \frac{\beta(u_b - V_{be})}{R_b}$$

为使功放管在绕组电流达额定值时也不进入饱和区,应满足

$$i_c R_s < V_p - V_{ce}$$

V_{ce} 为功放管饱和压降。为使功放管在绕组电流为零时也不进入截止区,此时 u_b 应略小于功放管基射极导通压降 V_{be}。因为功放管工作在放大区,耗散功率很大,所以只适用小功率的电动机。

要使功放管工作在开关状态,可用多路功放管对同一相绕组供电来实现细分驱动,具体电路如图 2-24 所示,图中以四路并联为例。如果取 $R_{s1} = R_{s2} = R_{s3} = R_{s4} = R_s$,则任一路导通时,可为绕组提供电流 V_p/R_s(V_{ce} 的影响很小,可不计),取 $V_p/R_s = I_N/4$,就能实现四细分,额定电流工作时四个晶

体管均导通。如果取 $V_p/R_{s1}=I_N/4$，$V_p/R_{s2}=\dfrac{2}{4}I_N$，$V_p/R_{s3}=\dfrac{3}{4}I_N$，$V_p/R_{s4}=I_N$，则各台阶只有一个管导通就可以了。如果取 $V_p/R_{s1}=\dfrac{1}{15}I_N$，$V_p/R_{s2}=\dfrac{2}{15}I_N$，$V_p/R_{s3}=\dfrac{3}{15}I_N$，$V_p/R_{s4}=\dfrac{8}{15}I_N$，则利用导通信号的不同组合可实现十五细分。

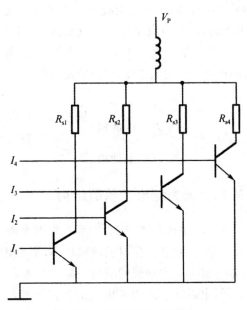

图 2-24　多路电流合成细分

　　在斩波恒流驱动电路中，绕组电流的大小取决于比较器的给定电压，所以利用这种电路实现细分实际就是对应各个电流台阶对比较器施加对应的给定电平。利用集成驱动片 3717，在给定电平端施加台阶电平，即可实现细分驱动，如图 2-25 所示。

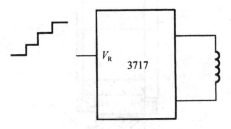

图 2-25　集成驱动片

2.3   力矩电动机的结构特性

伺服电动机和步进电动机有许多固有的优点,但是当机电传动系统中的控制对象对力矩的要求较大时,此时的伺服电动机一般不能达到使用标准,因为其一般需要采用减速装置,采用减速装置,使系统装置变得复杂。若是转速的要求也不大时,此时可以采用力矩电动机。力矩电动机的出现,可以为实际使用带来许多的方便,力矩电动机的力矩大,再加上转速不高的情况下,能够在恶劣的环境下长时间工作,可以给使用者带来更大的经济效益。

力矩电动机的分类如下。

$$力矩电动机\begin{cases}交流力矩电动机\begin{cases}同步型力矩电动机\\异步型力矩电动机\end{cases}\\直流力矩电动机\end{cases}$$

2.3.1   永磁式直流力矩电动机的结构

永磁流力矩电动机的结构如图 2-26 所示。根据永磁流力矩电动机的特性能够产生较大的力矩,并且工作时的转速较小,那么其在结构构造上一般会做成扁平状,永磁流力矩电动机的结构一般还会选取较多的极对数,虽然结构上简单化了,但永磁式直流力矩电动的工作原理与一般的直流伺服电动机的工作原理区别并不大。

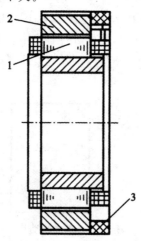

图 2-26   永磁式直流力矩电动机结构

1—电枢;2—定子;3—刷架

2.3.2　转矩、转速与电枢形状的关系

1. 转矩与电枢形状的关系

设直流电动机每个磁极下磁感应强度平均值为 B，电枢绕组导体上的电流为 I_a，导体的有效长度（即电枢铁芯厚度）为 l，则由直流电动机基本工作原理可知，每根导体所受的电磁力为

$$F = BI_a l$$

电磁转矩为

$$T = NF \frac{D}{2} = NBI_a l \frac{D}{2} = \frac{BI_a Nl}{2} D$$

式中，N 为电枢绕组总匝数；D 电枢铁芯直径。

由上式可知电磁转矩 T 与电动机结构参数 l、D 的关系。电枢体积大小，在一定程度上反映了整个电动机的体积，因此，在电枢体积相同条件下，即保持 $\pi D^2 l$ 不变，当 D 增大时，铁芯长度 l 就应减小；在相同电流 I_a 以及相同用铜量的条件下，电枢绕组的导线粗细不变，则总匝数 N 应随 l 的减小而增加，以保持 Nl 不变。满足上述条件，则 $\frac{BI_a Nl}{2}$ 近似为常数，故转矩 T 与直径 D 近似成正比例关系。

2. 转速与电枢形状的关系

导体在磁场中运动切割磁力线所产生的感应电势为

$$e_a = Blv$$

式中，v 为导体运动的线速度，$v = \frac{\pi D n}{60}$。

设一对电刷之间的并联支路数为 2，则对电刷间 $N/2$ 根导体串联后总的感应电势为 E_a；且在理想空载条件下，外加电压 U_a 应与 E_a 相平衡，所以

$$U_a = E_a = NBl\pi n_0 / 120$$

即

$$n_0 = \frac{120}{\pi} \frac{U_a}{NBlD}$$

通过上面的式子可以看出，在保持 Nl 不变的情况下，理想空载转速 n_0 和电枢铁芯直径 D 近似成反比，电枢直径 D 越大，电动机理想空载转速 n_0 就越低。

通过对上述的分析比较，在保证其他条件不发生变化的情况下，若是保证力矩的直径增大，对轴向上的长度就会减小，因此对于力矩电动而言，最有利的结构就是把力矩电动机做成扁平圆盘状的结构，这样工作起来最有利，最符合力学的工作模式。

第3章 继电器-接触器控制及其线路设计

尽管机电设备种类繁杂,但其电气控制系统的设计原则和方法大体相同。除了极为简易者外,现今,机电设备几乎没有例外地配备电气控制系统。一台先进的机电设备的结构和使用效能与其电气自动化的程度密切相关。在机电一体化产品设计中,一方面引用电气、电子、计算机和自动控制技术改造及完善机电设备的功能,一方面使机电结构成为系统的控制对象,从而使机械设计和电气设计不可分离,而必须互相参照、互相适应,成为一个整体。因此,机电一体化产品设计者不但要熟悉机械功能同时也要熟悉电气功能,只有这样才能较好的完成机电一体化产品设计工作。本章主要介绍常用低压电器和继电接触控制的设计方法。

3.1 电气原理图的绘制及相关符号

3.1.1 电器原理图

为了便于研究和分析电路的工作原理,而绘制的电气原理图具有结构简单、层次分明等优点。广泛的应用于各种机械生产的电气控制的生产现场和设计部分。

1.绘制电气原理图的原则

在不考虑电气原件的实际安装位置和连接情况的基础上,来表示电气控制的工作原理,及电气元件之间的相互关系与作用是电气原理图的实际用途。下面将介绍电气原理图的一般绘制步骤。

①电气元件图形符号、文字符号及标号的绘制必须遵循国家标准。

②主电路和辅助电路两部分共同构成了电气原理图的电路。设备的驱动电路即主电路,包括从电源到电动机之间相连的所有电气元件。主电路在控制电路的控制下,根据控制要求由电源向用电设备供电。除主电路以外的其他电路都是辅助电路,信号电路、控制电路、保护电路、照明电路都属于辅助电路,流过辅助电路的电流很小。控制电路中的控制逻辑是由继电器线圈、接触器、各种电气设备的动断触点、动合触点组合构成的,所需的控

制功能就是依靠其来实现的。分别绘主、辅助电路,依据需求的不同可将它们绘制在一张图纸上,也可以分别绘出。

③依据实际条件可将电气原理图的电路垂直或水平布置。电源线在水平布置时垂直画,其他条件下,水平画。用粗实的线将主电路画在图面的上方,细实线将辅助电路画在图面的下方,在电路的最右端画耗能原件;垂直分布时,水平画电源线,垂直画其他电路,在图面的最左侧用粗实现画主电路,在图面的最右侧用细实线画辅助电路,在电路的最下端画耗能原件。

④同一电气元件的各部件可以根据需要画在不同的地方,但需在图形符号附近使用统一的文字符号。若有多个同类电气元件,可在文字符号后加上数字序号以示区别,如两个接触器,可用 KM1、KM2 加以区别。

⑤用自然状态画出所有电气元件的触点,所谓自然状态是指没有外力和通电作用时的各种电气原件的状态。

⑥电气原理图的绘制时应尽量少画线条,且避免线条的相互交叉。在导线的脚垫处画一个实心圆,来表示各导线之间有电的联系。根据图形布置的需要,可将图面水平、垂直或采用斜的交线布置,具体做法是将图片符号旋转 $90°$、$180°$、$45°$ 绘制而成。

⑦将电气原理图的图面分成若干区域,并将各区用数字表明,是为了接线和检查线路,以及方便阅读;为了标明每个电路在设备操作中的用途,可在图的顶部放置用途栏。

⑧为表示接触器和继电器线圈与触点的从属关系,应在继电器、接触器线圈下方画出触点索引表。也就是说,接触点的图形符号应在电气原理图的相应线圈下方给出,相应接触点的索引代号也应在其下面标注,用"×"表明未使用的接触点。

⑨采用 L1、L2、L3 来标记三相交流电源引入线,用 N 来标记中性线,用 U、V、W 顺序来标记电源开关之后的三相交流电源的主电路。

⑩对于循环运动的机械设备,在电气原理图上应绘出其工作循环图。

⑪对于由若干元件组成具有特定功能的环节,应用虚线框括起来,并标注出环节的主要作用,如速度调节器等。

⑫对于电路和元件完全相同并重复出现的环节,可以只绘出其中一个环节的完整电路,其余的可用虚线框表示,并标明该环节的文字符号或环节的名称。

2.电气原理图上应标注的技术参数

①各个电源电路的极性、频率、电压值及相数。

②电阻、电容的量值等,某些电气元件的特性。

③用图形符号"空心圆"来表示,需要测试和拆、接外部引出线的端子。

④在电气元件的明细表中详细填写,电气控制系统图中的电气元件的型号、电机型号、相应文字符号、数量、用途、技术数据等。

⑤电气元件的数据和型号一般用小号字体注在电气元件代号下面,如图 3-1 中热继电器动作电流值范围和整定值的标注,图中标注的 1.5mm^2、2.5mm^2、…等字样表明该导线的截面积。

CW6 132 型普通车床的电气原理图如图 3-1 所示。KM 线圈下面触点索引的含义是 KM 的三对主触点都在图区 2;有一对辅助常开触点,在图区4;有一对辅助常闭触点,但未使用。

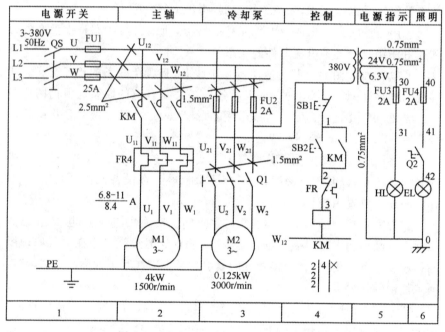

图 3-1　CW6 132 型普通车床的电气原理

3. 1. 2　电气原理图中的图形符号和文字符号

为了区别电器的类型和作用,用一定的图形符号来表示电气控制线路中的各个电器元件及其部件,并将其名称用一定的文字符号来标明,为了方便技术交流和沟通,其中所用的文字符号和图形符号都必须要符合国家标准,以便于技术交流和沟通。本书采用的图形、文字符号分别摘自 GB/T 4728—2005~2008《电气简图用图形符号》及 GB 7159—1987《电气技术中的文字符号制订通则》。常用电气图形符号和文字符号,见表 3-1,以供参考,但未示出图形符号的网格。

需要说明的是,如果按图面布置的需要,电器元件图形符号的方位与表中示出的一致,则直接采用;若方位不一致,则在不改变含义的情况下可将符号旋转或取镜像,但文字和指示方向不得改变。本书把图形符号顺时针旋转 90°进行绘制。

表 3-1　常用电气图形符号和文字符号

名称		图形符号 （GB/T 4728—2005～2008）	文字符号 （GB 7159—1987）
三极刀开关			Q
三极隔离开关			QS
三极断路开关			QF
接触器	线圈		KM
	动合主触点		
	动断主触点		
	动合辅助点		
	动断辅助点		

名称		图形符号 (GB/T 4728—2005~2008)	文字符号 (GB 7159—1987)
电磁继电器	中间继电器线圈		KA
	动合触点		
	动断触点		
时间继电器	通电延时线圈		KT
	动合延时闭合触点		
	动断延时打开触点		
	断电延时线圈		
	动合延时打开触点		
	动合延时闭合触点		

名称		图形符号 （GB/T 4728—2005～2008）	文字符号 （GB 7159—1987）
热继电器	热元件		R
	动断触点		
熔断器			FU
压力继电器	动合触点		SP
	动断触点		
温度继电器	动和触点		ST
	动断触点		
液位断继电器	动合触点		SL
	动断触点		

名称		图形符号 （GB/T 4728—2005～2008）	文字符号 （GB 7159—1987）
按钮	启动按钮		SB
	停止按钮		
	复合按钮		
急停按钮	动合触点		
	动断触点		
行程开关	动合触点		SQ
	动断触点		
	复合触点		

名称		图形符号 （GB/T 4728—2005~2008）	文字符号 （GB 7159—1987）
接近开关	动合触点		SQ
	动断触点		
	蜂鸣器		HA
	电铃		
	报警器		
	信号灯	⊗	HL
	照明灯	或	EL
	电抗器	或	L
	双绕组变器	或	T
	自耦变压器	或	
	电流互感器	或	TV

名称		图形符号 (GB/T 4728—2005～2008)	文字符号 (GB 7159—1987)
电压表		Ⓥ	PV
电度表		Wh	PJ
控制电路用电源的整流器			VC
电动机	三相鼠笼式异步电动机	M 3~	M
	三相绕线式异步电动机	M 3~	
	直流串励电动机	M	
	直流并进电动机	M	
	步进电动机	M	

下面对图形符号和文字符号的使用进行简单的说明。

1. 图形符号

①依据图面布置大小来确定图形符号的位置和大小,但符号中的文字和指向应符合读图需求。

②依据国家标准,可调节符号尺寸的大小,在同一张图纸中应保持同一符号的大小和尺寸不变,同种线条的宽度一致,各级符号间的比例保持

不变。

③依据图面布置的需求来旋转和成镜放置,其前提是不改变符号意义。但不可倒置文字和指示的方向。

④端子符号一般不出现在图形符号中,若端子符号是符号的一部分,必须将其画出来。

⑤一般都是按无电压、无外力的正常状态下,来表示图形符号的。

⑥文字符号、物理量符号都可视为是图形符号的组成部分,应出现在图中的相应位置,不可缺失。若表 3-1 中的符号无法满足绘制需求,可以依据相关标准加以充实。

2.文字符号

基本文字符号、辅助文字符号共同构成了文字符号。

(1)基本文字符号

单字母符号和双字母符号是基本文字符号的两种类型,将各种电气设备、装置和原件按拉丁字母顺序划分为 23 类,用一个专用的字母来表示每一大类电器,如继电器和接触器类用"K"来表示,电阻器类用"R"来表示。将大类进一步分类时,单一的字母符号就无法满足分类需求,为了更为详细的表示某一元器件、装置、设备时,采用双字母符号。双字母符号由一个表示种类的单字母符号与该类设备、装置和元器件的英文名称的首字母或约定俗成的习惯用字母组成。如"M"为电动机单字母符号,"Direct Current Motor"为直流电动机的英文名,因此直流电动机的双字母符号用"MD"表示。

(2)辅助文字符号

电气元器件、装置、设备线路的状态、功能和特征用辅助文字符号用来表示,如"SYN"表示同步,"ASY"表示异步,"DC"表示直流,"AC"表示交流。也可将辅助文字符号放在表示类别的基本文字符号的后面构成双字母符号,如信号电路开关器件类用单字母符号"S"是表示,辅助文字符号"V"来表示速度,"SV"则可以用来表示速度继电器。

3.2　继电器-接触器基本控制线路分析

3.2.1　三相笼型全压起动控制电路

笼型感应电动机直接起动是一种简便经济的起动方法。直接起动该电机所需电流为额定电流的 4～7 倍,电网电压会因过大的起动电流而明显下降,电机启动困难,且同一电网的电机也因过大的起动电流,而无法正常工作,直接起动电机的容量也会受到限制。允许直接启动电机的容量是依据电机的起动频率=供电变压器的容量大小共同决定的。一般要求频繁启动电机的容量不大于变压器容量的 20%,不经常起动的电机的容量不大于变压器容量的 30%。对容量小于 11kW 的笼型电动机采取直接启动,对没有单独供电变压器的、起动比较频繁的电机可采用下面的经验公式进行估算,若能满足下面关系式,就可直接启动。

$$\frac{\text{起动电流 } I_q/A}{\text{额定电流 } I_e/A} \leqslant \frac{3}{4} + \frac{\text{电源总容量}/kV}{4 \times \text{电动机功率}/kW}$$

1.单向旋转控制电路

（1）控制线路的工作原理

可用开关或接触器来实现三相笼型异步电动机的单向旋转控制,依据控制其的材料不同可将电路分为:开关控制电路和接触器控制电路。如图 3-2 所示为采用接触器控制的全压启动控制线路,其中主电路由刀开关 QS、接触器 KM 的主触点、熔断器 FU1、电动机 M 和热继电器 FR 的热元件构成。热继电器 FR 的常闭触点、接触器 KM 的常开触点停止按钮 SB1、启动按钮 SB2 及接触器的线圈共同构成了控制线路。

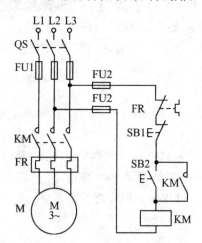

图 3-2 电动机单向旋转全压起动控制电路

启动时,主电路中的三相电源是用闭合刀开关 QS 来引入的。接触器 KM 也是通过按下启动按钮 SB2 来实现通电的。电动机接通电源开始全压启动,同时接触器 KM 的辅助常开触点闭合,使接触器 KM 线圈有两条通电路径。这样当松开启动按钮 SB2 后,接触器 KM 的线圈仍能通过其辅助触点通电并保持吸合状态。这种依靠接触器本身的辅助触点使其线圈保持通电的现象称为自锁。起自锁作用的触点称为自锁触点。按停止按钮 SB1 就可以使电机停止运转，这时接触器 KM 因线圈失电，而引起主触点的断开，电机的三相电源也因此而切断，电动机 M 将停止工作，接触器 KM 的自锁也因为接触点的断开而别解除。松开停止按钮 SB1，控制电路又回到启动前的状态。

（2）电路保护环节

①短路保护。主电路与控制电路的短路保护是通过熔断器 FU1 和 FU2 来实现的。

②过载保护。电机的长期过载保护是由热继电器 FR 完成的。电动机定子电路发热元件会在电动机长期处于过载是受热弯曲，串联在电路中的常闭接触开关也因此而断开。KM 线圈电路被切断，电机电源断开，实现过载保护的目的。

③欠压和失压保护。接触器电磁吸力会在电源电压严重下降或电压消失时，急剧下降或消失，衔铁释放，各触点复原，电机电源断开，电机停止旋转，若电源电压恢复，电机也不会立马起动，这样可以避免事故的发生。

2.点动控制电路

如电梯检修控制、机床工作的快速移动等，都需要点动控制。电机点动控制电路如图 3-3 所示，图中（a）为基本类型的点动电路控制，按下 SB1 按钮，KM 线圈通电吸合，主触点闭合，电动机起动旋转；反之亦然。图（b）通

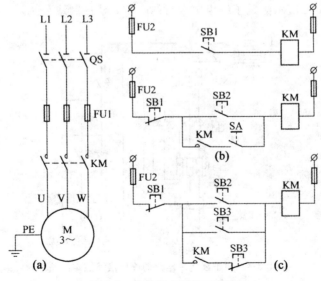

图3-3 电动机点动控制电路

过手动开关 SA 的选择来实现电机的连续转动和点动控制的电路。断开 SA 为点动控制图,闭合 SA 为连续控制。图(c)中通过采用按钮 SB2 和 SB3 来分别实现电路的连续控制和点动控制。连续转动的控制按钮为 SB2,点动转动的控制按钮为 SB3,点动控制是通过 SB3 的常闭触点来断开自保电路,实现控制的。连续运转的停止按钮为 SB1。

3.2.2 三相笼型感应电动机减压起动控制电路

三相笼型感应电动机采用全电压起动,控制电路简单,维修方便,但是,不是所有的电机在任何情况下都可以直接起动的,因为当电源变压器容量不是足够大时,异步电机的起动需要较大的电流,变压器的二次侧电压急促下降,电机本身的起动转矩没有得到减小,且起动时长也变长,有时电机无法启动,同一电网的其他设备的正常运行也会受到影响,因此对允许全压起动时,应该选择减压起动。

自耦变压器减压起动,定子串电阻,Y-D 减压起动,电抗器减压起动,延边三角形减压起动等都属于三相笼型感应电动机减压起动方法。除此之外,还有不少,介于篇幅有限,不再列举。做中减压起动方法的共同目的是降低电动机的起动电压。电动机的正常运行状态的进入是通过电动机转速急速上升接近啊顶转速,点动定子绕组电压恢复到额定电压实现的。常见的减压起动控制电路如下:

1. 定子绕组串接电阻的减压起动控制

如图 3-4 所示为定子绕组串电阻的降压启动控制线路。

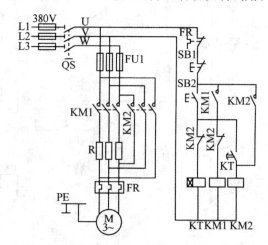

图 3-4　定子绕组串电阻的降压启动控制线路

　　其工作原理为：电源开关 QS 闭合，起动按钮 SB2 按下，线圈 KM1、KT 同时通电，且能自保，电动机定子绕组串接电阻 R 降压启动。当电动机转速接近额定转速时，时间继电器 KT 动作，其触点 KT 闭合，KM2 线圈通电并自保，触点 KM2 断开，使 KM1、KT 线圈断电，KM2 主触点短接电阻，KM1 主触点已断开，于是电动机经 KM2 主触点在全压下进入正常运转状态。

　　2.星形-三角形降压起动控制线路

　　星形-三角形降压起动方式来限制正常运行时定子绕组接成三角形的笼型异步电动机的起动电流。因三角形接法被应用于功率在 4kw 以上的三相笼型异步所有电动机，因此星形-三角形降压起动方式都可采用。

　　起动时将到电动机的每相绕组上的电压为额定值的 1/47，电动机定子绕组接成星形，可减小电流对电网的影响。当转速接近额定转速时，为了使电机在额定电压下正常运转，可将定子绕组改接成三角形，图 3-5(a)所示为

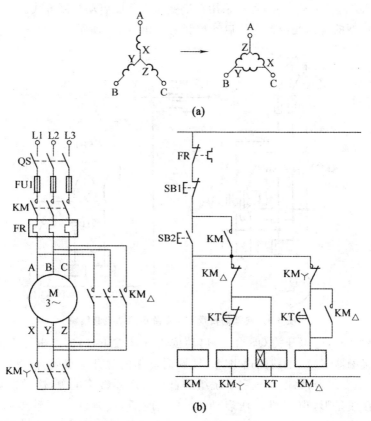

图 3-5　星形-三角形降压起动线路

星形-三角形转换绕组连接图。图 3-5(b)为星形-三角形降压起动线路。这一线路的设计思想是按时间原则控制起动过程,待起动结束后按预先整定的时间换接成三角形接法。

当起动电动机时,刀闸开关 QS 合上,起动按钮 SB2 按下,时间继电器 KT、接触器 KM 和 KM丫的线圈同时得电,电动机因接触器 KM丫的主触点而被转化为星形,经过 KM 的主触点接至电源,电动机降压起动。KM丫线圈会随 KT 的延时时间的耗完而失电,KM△线圈得电,电动机主回路换接成三角形接法,电动机正常运转。

3. 自耦变压器降压启动控制线路

在点动机的控制线路中串入自耦变压器,能使定子绕组在起动时获得自耦变压器的二次电压,自耦变压器在起动完毕后切除,使额定电压直接加于定子绕组上,电动机进入全压正常工作状态,就是自耦变压器降压启动。大功率电动机手动或自动操作的启动补偿器,如 XJ101 型(自动操作),QJ3、QJ5 型(手动操作)等均采用自耦变压器降压启动控制方式。

典型的自耦变压器降压启动控制线路如图 3-6 所示。

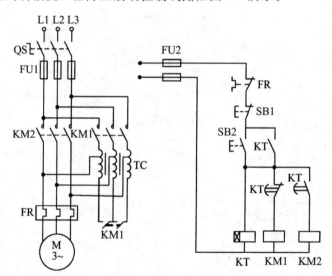

图 3-6 典型的自耦变压器降压启动控制线路

启动时,电源开关 QS 合上,启动按钮 SB2 按下,时间继电器 KT 的线圈和接触器 KM1 的线圈通电,KM1 瞬时动作的常开触点闭合,形成自锁,刚,主触点闭合,将电动机定子绕组经自耦变压器接至电源,这时自耦变压器连接成星形,电动机降压启动。KT 延时后,其延时常闭触点断开,使KM1 线圈失电,KM1 主触点断开,从而将自耦变压器从电网上切除。而

KT 延时常开触点闭合,使 KM2 线圈通电,电动机直接接到电网上运行,从而完成了整个启动过程。

自耦变压器降压启动适用于启动较大容量的正常工作时接成星形或三角形的电动机,启动转矩可以通过改变抽头的位置来得到改变。该方法存在的缺点是自耦变压器价格较高,而且不允许频繁启动。

4. 软启动控制线路

传统的异步电动机启动方式具有控制线路简单、无需额外增加启动设备等特点,但起动电阻小、固定无法调节,较大的冲击电流也会在启动过程中存在,使所拖动的负载受到较大的机械冲击,电网电压波动会影响电子工作,若电网中一旦出现波动,就都会使电机启动困难,有时甚至会阻碍到你估计的转动,停机时为瞬时停电,将造成剧烈的电压波动和较大的机械冲击。在一些启动特性要求较高的场合,可以采用软启动控制方式以克服上述缺点。软启动是使施加到电动机定子绕组上的电压按预设的函数关系从零开始上升,到起动过程结束为止,使电动机在电源电压下运行。

(1)软启动器的组成

如图 3-7 为软启动器的基本组成原理。其主电路采用三相晶闸管反并联调压方式,三相晶闸管串联在三相供电电源 L1、L2、L3 和电动机三个端子 U、V、W 之间。其输出电压是通过控制晶闸管的导通角而改变的,起动电流和地动转矩是用过调压方式来控制的。

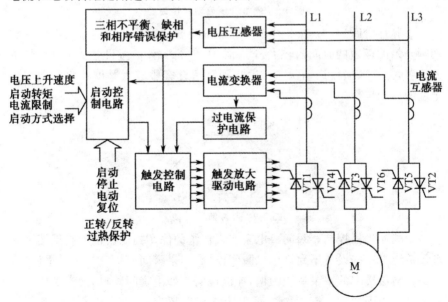

图 3-7　典型的自耦变压器降压启动控制线路

为了能让定子电压和电流按所设定的规律变化,并且能对过压及过流等故障进行保护,必须要随时检测定子电压和电流,为此采用了电压互感器和电流互感器。电压互感器可将电网电压变换为标准电压(通常为5V)信号,并送至电压保护电路。

(2)软启动控制器的工作特性

异步电动机在软启动过程中,软启动器电动机的启动电流和转矩是通过控制加到电动机上的电压来控制的,转速随着启动转矩的增加而增加。通过改变参数设定得到软启动的不同启动特征,来满足不同负载特征的需求。

①斜坡升压启动方式。如图3-8为斜坡升压启动特性曲线。设定启动初始电压U_{q0}和启动时间t_1。在启动过程中,电压逐渐增大,在指定的时间内到达额定电压。这是适合电动机功率远低于软启动器额定值的场合或一台软启动器并接多台电动机的起动方式。

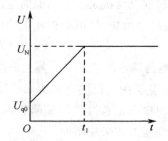

图3-8 斜坡升压启动特性曲线

②脉冲阶跃启动。如图3-9为脉冲阶跃启动特性曲线。起动电流在起动刚开始的极短的时间内较大,过一段时间后回落,后按设备值呈现线性上升趋势,并进入横流启动状态。这是一种适合客服较大静摩擦力且适用于重载的启动场合。

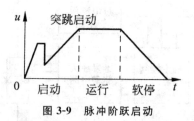

图3-9 脉冲阶跃启动

③减速软停控制。瞬间停电来实现传统的停车控制。但如高层楼宇的水泵系统等一些设备不允许电机瞬间停机,如果瞬间停机会产生严重后果。还是以高层楼宇的水泵系统为例,加以说明。如果瞬间停机,会产生使管道甚至水泵遭到损坏的巨大"水锤"效应。利用软启动控制器的减速软停技

术，要求电动机逐渐停机，就可以为减少和防止"水锤"效应。

　　减速软停控制是指电机停机时，不能立即将电机的电源切断，也是逐渐的降低电动机的端电压后再切断电源。之所以将这一过程称为软停控制，是因为这一过程持续的时间较长。根据实际需求将停车时间控制在 0～120s 的范围内。

　　④节能特性。软启动控制器自动判断电动机的负载率是通过电动机功率因数的高低来判断的。处于负载和空载状态的电机，通过改变输入功率，来实现节能的目的。

　　⑤制动停车方式。软启动器具有耗制动功能来控制电动机的快速停机。在实施能耗制动时，软启动器向电动机定子绕组通入直流电，由于软启动器是通过晶闸管对电动机供电的，所以很容易通过改变晶闸管的控制方式而得到直流电。如图 3-10 所示为制动停车特性曲线。

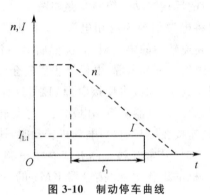

图 3-10　制动停车曲线

3.2.3　三相感应电动机的控制电路

　　在生产过程中，由于惯性作用有些设备电动机断电后，需要转动一段时间才能停止转动。某些生产机械的不允许有过长时间的转动，生产效率会受到影响，造成停机位置不准确，工作不安全等负面作用。如万能铣床、卧式镗床、组合机床等，对需要对电动机进行控制，要求迅速停车。

　　电磁机械制动和电气制动是常见的两类制动方法。电磁机械制动强迫电机迅速停车是通过电磁铁控制操作实现的，如电磁抱闸、电磁离合器。其工作原理为：当电动机起动时电磁抱闸线圈同时得电，电磁铁吸合，使抱闸打开；电动机断电时，电磁抱闸线圈同时断电，电磁铁释放，在弹簧的作用下，抱闸把电动机转子紧紧抱住实现制动。像吊车、卷扬机等一类升降机械就是采用这种方法制动，不但提高生产效率，还可以防止在工作中因突然断电或电路故障使重物滑下而造成的事故。在电动机转子中产生一个与原来旋转方向相反的电磁转矩,迫使电动机转速迅速下降是电气制动的实质,如:反接制动、能耗制动、再生发电制动和电容能耗制动等。

1.反接制动控制线路

反接制动使电机转动迅速下降的原因是利用改变异步电动机电源的相序,改变定子绕组的旋转磁场方向为反方向,使电机产生制动转矩。反接制动定子绕组中流过的反接制动电流为全压直接启动时电流的2倍,转子与旋转磁场的响度速度是永不转速的2倍。反接制动制动迅速、效果好,但其冲击效应也比较大,适用于10kw以下的小容量电动机。通常在反接制动的主动路中串联电阻仪限制制动电流,这样可以减小冲击电流,将串联在其中的电阻称为反接制动电阻。为了防止电动机的反向启动运行,需要在电动机转动的速度即将接近零时,切换为相反方向的电流。

电动机单向运行的反接制动的控制线路如图3-11、图3-12所示。反接制动过程为:停车时将电源切换为三相电源,等电动机的转速即将接近零时,切除三相电源。高速转动的电动机,若突然将其电源接反,其转速将急速下降至零;若不及时切除三相电源,电机停止后又会向反向起动运行。因此,必须在电动机制动到零速时,将反接电源切断,这样电动机才能真正停下来。控制线路是用速度继电器来检测电动机的停与转的。电动机与速度继电器的转子是同轴连接在一起的,当电动机转动时,速度继电器的常开触点闭合,当电动机停止时,其常开触点断开。在主电路中,接触器KM1的主触点用来提供电动机的工作电源,接触器KM2的主触点用来提供电动机停车时的制动电源。

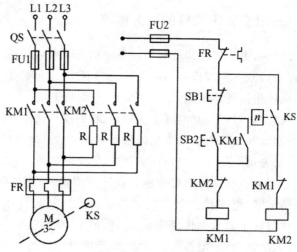

图3-11　电动机单向运行的控制线路(1)

　　启动时,合上开关 QS,按下启动按钮 SB1,接触器 KM1 通电并自锁,电动机 M 启动运行。在电动机正常运转时,速度继电器 SV 的动合触点闭合,为反接制动作好准备。停车时,按下停止按钮 SB2,其动断触点断开,KM1 线圈断电,电动机 M 脱离电源。此时,电动机在惯性的作用下仍以较高的速度旋转,SV 动合触点仍处于闭合状态,因此当 SB2 动合触点闭合时,接触器 KM2 通电自锁,其主触点闭合,串入制动电阻 R,使电动机定子绕组得到反相序三相交流电源,电动机进入反接制动状态,转速迅速下降。当电动机转速接近于零时,SV 动合触点复位,KM2 线圈断电,反接制动过程结束。

　　图 3-11 中的控制线路存在这样一个问题:在停车期间,如果为了调整工件,需要用手转动机床主轴,此时速度继电器的转子也将随着转动,其常开触点闭合,KM2 通电动作,电动机接通电源发生制动作用,不利于调整工作。图 3-12 的反接制动控制线路解决了这个问题。控制线路中的停止按钮使用了复合按钮 SB1,并在其常开触点上并联了 KM2 的常开触点,使 KM2 能自锁。这样在用手转动电动机时,虽然 KS 的常开触点闭合,但只要不按下复合按钮 SB1,KM2 就不会通电,电动机也就不会反接于电源,只有按下 SB1,KM2 才能通电,制动电路才能接通。

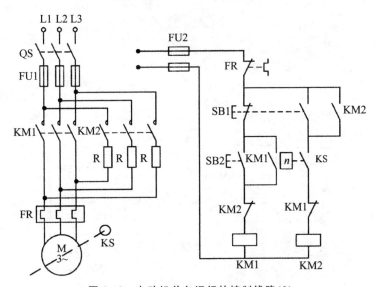

图 3-12　电动机单向运行的控制线路(2)

2.能耗制动控制线路

　　所谓能耗制动,就是在电动机脱离三相交流电源之后,给定子绕组上加一个直流电压,即通入直流电流,产生一个静止磁场,利用转子感应电流与静止磁场的作用以达到制动的目的。能耗制动分为单向能耗制动、双向能耗制动及单管能耗制动，可以按时间原则和速度原则进行控制。下面分别进行讨论。

（1）按时间原则控制的单向运转能耗制动控制电路

图 3-13 为时间原则控制的单向能耗制动控制电路。图 3-13 中，KM1 为单向运转接触器，KM2 为能耗制动接触器，KT 为时间继电器，T 为整流变压器，VC 为桥式整流电路。

在电动机正常运行的时，若按下停止按钮 SB1，电动机由于 KM1 断电释放而脱离三相交流电源，同时 KM1 常闭触头复位，SB1 的常开触头闭合，使制动接触器 KM2 及时间继电器 KT 线圈通电自锁，KM2 主常开触点闭合，电源经变压器和单相整流桥变为直流电并通入电动机的定子，产生静止磁场，产生制动转距，电动机在能耗制动下迅速停止，电动停止后，KT 触头延时打开，KM2 失电释放，直流电被切除，制动结束。

能耗制动作用的强弱与通入直流电流的大小和电动机转速有关。在同样的转速下，直流电流越大制动作用越强，一般直流电流为电动机空载电流的 3～4 倍。

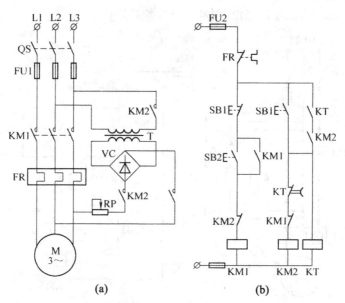

图 3-13　时间原则控制的单向能耗制动控制电路

(a)主线路；(b)控制线路

（2）按时间原则控制的可逆运行能耗制动控制电路

图 3-14 为电动机按时间原则控制可逆运行的能耗制动控制线路。图

中 KM1、KM2 为正反转接触器，KM3 为制动接触器，KT 为制动时间继电器。在电动机正向运转过程中，当需要停车时，可按下停止按钮 SB1，KM1 断电，KM3 和 KT 线圈通电并自锁，KM3 常闭触头断开，锁住电动机起动电路；KM3 常开主触头闭合，使直流电压加至定子绕组，电动机进行正向能耗制动。电动机正向转速迅速下降，当速度接近零时，时间继电器 KT 的延时打开触头断开，接触器 KM3 线圈断电。由于 KM3 常开辅助触头的复位，时间继电器 KT 线圈也随之失电，电动机正向能耗制动结束。反向起动与反向能耗制动过程与上述正向情况基本相同。

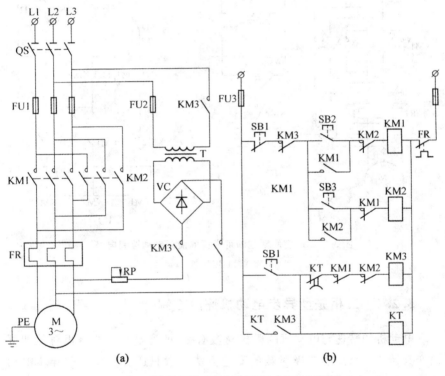

图 3-14　按时间原则控制电动机直流控制线路
(a)主线路；(b)控制线路

　　图 3-15 为电动机按速度原则控制的可逆运转能耗制动控制线路，图 3-15 中 KM1、KM2 为正反转接触器，KM3 为制动接触器，KS 为速度继电器。这里以反向起动和反向制动的工作情况为例说明其工作原理。在反向运转时，若需要停车，按下 SB1，KM2 失电释放，电机的三相交流电源被切除，同时 KM3 线圈通电，直流电通入电机的定子绕组进行能耗制动，当电机速度接近零时，KA2 打开，接触器 KM3 线圈释电，直流电被切除，制动结束。

　　能耗制动适用于电动机容量较大，要求制动在平稳和起动频繁的场合，它的缺点是需要一套整流装置,而整流变压器的容量随电机容量增加而增大,这会使其体积和重量加大。为了简化线路,可采用无变压器单管能耗制动。

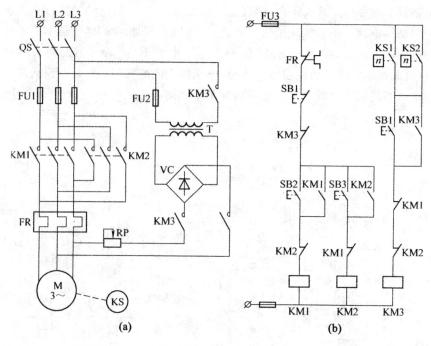

图 3-15 速度原则控制可逆行的能耗制动控制电路

(a)主线路;(b)控制电路

3.2.4 三相笼型异步电动机速度控制

电动机的转速与电动机的磁极对数有关,改变电动机的磁极对数即可改变其转速。采用改变极对数的变速方法一般只适合三相笼型异步电动机,下面以双速电动机为例分析这类电动机的控制线路。

如图 3-16 所示为双速异步电动机调速控制线路。图中的主电路接触器 KM1 的主触点闭合,构成三角形连接;KM2 和 KM3 的主触点闭合,构成双星形连接。SB2 为低速启动按钮,按下 SB2,KM1 线圈得电自锁,KM1 的主触点闭合,电动机低速运行;复合按钮 SB3 为高速启动按钮,按下 SB3,KM1 线圈得电自锁,时间继电器 KT 得电自锁,KM1 的主触点闭合,电动机低速运行,当 KT 延时时间到时,先断开 KM1 线圈电源,然后接通 KM2 和 KM3 线圈并自锁,再断开 KT 电源,电动机高速运行。电动机先低速后高速控制的目的是限制启动电流。

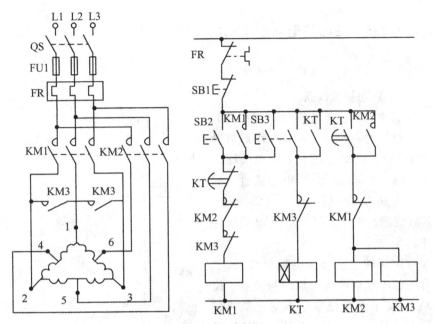

图 3-16　双速异步电动机调速控制线路（1）

　　如图 3-17 所示的控制线路采用选择开关 SA 控制。其中图 3-17(a)所示的控制线路可直接选择低速或高速运行,适用于小功率电动机;如图 3-17(b)所示的控制线路用于大功率电动机,选择低速运行时,直接启动低速运行,选择高速运行时,电动机先低速运行,一段时间后,再自动切换到高速。

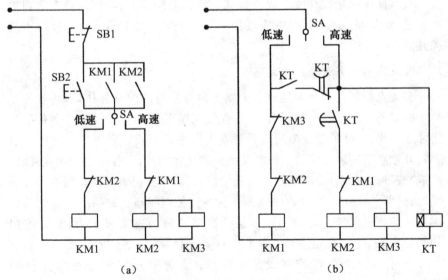

图 3-17　双速异步电动机调速控制线路（2）

（a)用于小功率电动机的控制线路;（b)用于大功率电动机的控制线路

3.2.5 三相笼型异动电机的其他控制线路

1.点动控制和连续控制线路

（1）点动控制线路

点动控制线路如图 3-18 所示，其工作过程为：合上开关 QS，作好启动准备；按下启动按钮 SB，接触器线圈 KM 通电，主触点闭合，电动机直接启动。当松开 SB 时，触点自动复位，KM 线圈断电，主触点断开，电动机停止转动。

像这种按下按钮电动机转动、松开按钮电动机停转的控制叫做点动控制，常用于需要经常作调整运动或精确定位的生产设备，如电动葫芦和吊车吊钩位置调整以及机床对刀调整等。点动时间的长短由操作者手动控制。

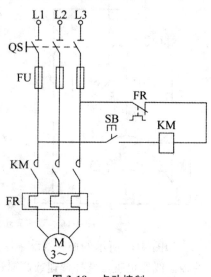

图 3-18 点动控制

（2）连续控制线路

在实际生产中往往要求生产机械能够长时间连续运行，这就需要对电动机进行连续控制。电动机连续控制线路如图 3-2 所示，工作过程不再赘述。

2.多地点与多条件控制线路

多地点控制是指在两地或两个以上地点进行的控制操作，多用于规模较大的设备。在某些机械设备上，为保证操作安全，需要满足多个条件后设备才能工作，这样的控制要求可通过在电路中串联或并联电器的常闭触点和常开触点来实现。多地点控制按钮的连接原则为：常开按钮均相互并联，组成"或"逻辑关系；常闭按钮均相互串联，组成"与"逻辑关系。任一条件满足，结果即可成立。如图 3-19 所示为两地点控制线路。遵循以上原则还可实现三地及更多地点的控制。多条件控制按钮的连接原则为：常开按钮均相互串联，常闭按钮均相互并联。所有条件满足，结果才能成立。如图 3-20 所示为两个条件控制线路。遵循以上原则还可实现更多条件的控制。

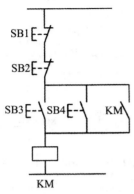

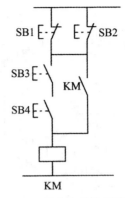

图 3-19　两地点控制线路图　　　　图 3-20　两个条件控制线路

3. 顺序启停控制线路

对于操作顺序有严格要求的多台生产设备,其电动机应按一定的顺序启停。如机床中要求润滑油泵电动机启动后,主轴电动机才能启动。图 3-21 为两台电动机顺序启停控制线路。

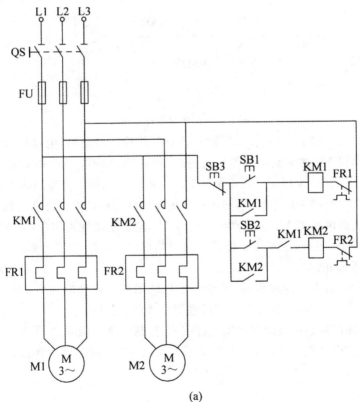

(a)

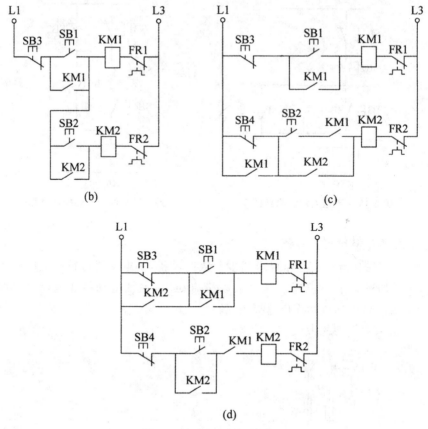

图 3-21　顺序启停控制线路

图 3-21(a)为顺序启动,同时停止控制线路。启动时,电动机 M1 启动后,电动机 M2 才能启动。停止时,按下停止按钮 SB3,两台电动机同时停止。图 3-21(b)少用了一个接触器 KM1 动合触点,使线路得到简化。

图 3-21(c)为顺序启动,顺序停止控制线路。启动顺序为电动机 M1 先启动,然后电动机 M2 再启动。此时,KM1 动合辅助触点闭合,将 M2 的停止按钮 SB4 短接,使其失去作用。只有当电动机 M1 先停下来后,电动机 M2 才能停止。

图 3-21(d)为顺序启动、逆序停止控制线路。启动顺序为 M1、M2,停止顺序为 M2、M1。具体的工作过程请读者自行分析。

顺序起停也可按时间原则进行控制,控制线路如图 3-22 所示。该线路可实现在电动机 M1 启动一段时间后电动机 M2 启动。其工作过程请读者自行分析。

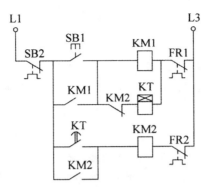

图 3-22　按时间原则顺序启动控制线路

3.3　继电器-接触器控制线路设计及设计举例

3.3.1　继电接触器控制系统设计的基本原则

电气控制线路设计是继电接触器控制系统设计的核心,决定了机械生产的先进性、实用性和自动化程度的高低。电气线路的设计,需要遵循以下原则。

1. 满足生产机械和工艺对电气控制线路的要求

整个机械控制过程和工艺过程都离不来电气控制线路,因此在电气线路控制之前应该深入生产现场,这将有利于切实掌握生产机械的工艺要求、工作方式、过程,以及生产机械所需的保护。只有掌握了这些要求,才有可能设计出能够保证生产机械正确、可靠、安全地工作的电气控制线路。

2. 保证控制线路的工作安全、可靠

(1)电器元件的选择

为了保证电气控制线路工作的安全性和可靠性,应尽可能选用、结构坚实、动作可靠、机械和电气寿命长、抗干扰性能好的电器。

(2)正确连接电器的线圈

在交流控制线路中,不能通过串联两个电器的线圈[见图 3-23(a)]达到使其同时动作的目的。首先吸合的电器,磁路先闭合,线圈的电感显著增加,加在该线圈上的电压也增大,使尚未吸合的另一个电器的线圈电压降低,甚至达不到动作电压而无法吸合。这样,两个线圈的等效阻抗减小,电路电流增大,时间长将有可能烧毁线圈。因此,当需要两个电器同时动作时,其线圈应并联连接,如图 3-23(b)所示。

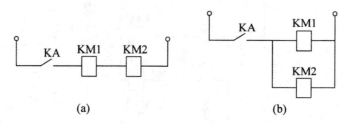

图 3-23　交流线圈的选择

(a)不合理;(b)合理

　　最好不要直接并联链接直流电磁线圈,特别是电感量差别悬殊很大的。如图 3-24(a)所示,直流电磁铁 YA 线圈与直流继电器 KA 线圈并联。当接触器 KM 动合触点断开时,继电器 KA 很快释放。由于电磁铁 YA 线圈的电感大,储存的磁能经继电器线圈泄放,将使继电器有可能重新吸合,导致控制线路产生误动作。正确的连接如图 3-24(b)所示,电磁铁线圈和继电器线圈分别由接触器 KM 的动合触点控制。

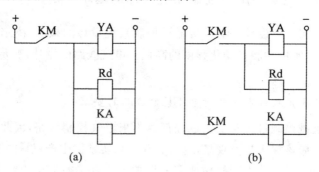

图 3-24　直流线圈的链接

(a)不合理;(b)合理

　　(3)电器触点的正确连接

　　因为同一电器的动合触点和动断触点相近很近,布置在电源的两个方向时,如图 3-25(a)所示,行程开关 SQ 的动合触点和动断触点非等电位,当触点断开产生电弧时,有可能在两个触点之间形成飞弧而造成电源短路。如果按图 3-25(b)接线,则无此危险,线路的可靠性得到提高。因此,在控制线路中,各电器的触点应接在电源的同相上。

　　(4)多个电器元件间尽量避免依次连接

　　如图 3-26(a)所示,应尽量避免控制线路中多个电器元件的触点依次接通后才能接通另一个电器的情况,继电器 KA3 线圈的接通要经过 KA、KA1、KA2 三对动合触点,如果其中一对触点接线不牢,都会造成 KA3 无法正常工作。改为图 3-26(b)后，线路工作的可靠性明显提高。

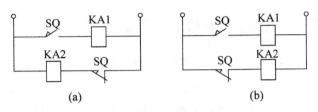

图 3-25　触点的连接

(a)不合理；(b)合理

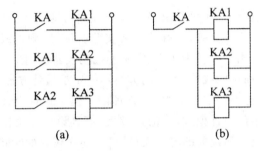

图 3-26　多个电气元件的连接

(a)不合理；(b)合理

3.控制线路设计在满足生产工艺的前提下，做到经济、简单

①尽量减小电气元件的规格、品质和数量，同一用于的器件应尽量选择相同品牌和型号的，减少备品、备件的种类与数量。

②不必要接触点的数量要尽量减少。这有利于线路的简化，而且可以减少出故障的机会。通过合并同类触点的方法可以达到减少触点数量的目的，但是应注意合并后的触点容量是否够用。

③尽量缩减连接导线的数量和长度。在设计控制线路时，各个电器元件之间的接线应合理布局，特别是安装在不同地点的电器元件之间的连线更应予以充分的考虑，否则不但会造成导线的浪费，甚至还会影响线路工作的安全。

④将控制线路中非必要电器元件尽量保持在断电状态，以延长电器元件的使用寿命和节约电能。

4.应设置必要的保护环节

电气控制线路应具有完善的保护环节，以确保系统安全运行。常用的保护环节包括过载、短路、过流、过压、零(欠)压保护等，必要时还应设有工作状态指示和事故报警。保护环节应工作可靠，满足负载需要，做到正常运行时不发生误动作;事故发生时能够准确动作,及时切断故障电路。

3.3.2 电气控制线路的设计方法

经验设计法和逻辑设计法是设计电气控制线路原理图常用的两种方法。

1.经验设计法

经验设计法是依据典型控制线路,将控制任务中的控制系统分为若干控制环节,参照各反应间的连锁关系,经过补充、修改,综合成完整的控制线路。

初步利用检验设计法设计出多种控制线路可能有的方案,将不同方案间进行比较分析,修改完善,还有的需要实验验证,以确保线路的安全和可靠,这样才能设计出一个较为合理、完善的控制线路。用经验设计方法设计的线路并非是最简单的线路,得出的方案不一定是最佳方案,其中所用的电器和触点的数目也不一定是最少,最合理的。但是这种设计方法没有固定的设计程序、固定的设计模式,灵活性较大,而且设计方法比较简单易于掌握,对于具有一定工作经验的电气人员来说,能在较短的时间内完成设计任务,因此在电气设计中被普遍采用。

2.逻辑设计法

逻辑设计方是利用逻辑代数来设计电气控制电路的方法。设计某电机的控制线路,要求该电机在继电器K1、K2、K3中的任意一个或两个继电器作用时才能运转,在其他任何情况下都不运转。

(1)按工艺要求列出逻辑函数关系式

电动机的运行由接触器 KM 控制。继电器中K1、K2、K3 中任何一个动作时,接触器 KM 动作的条件可写成:

$$KM1 = K1 \cdot \overline{K2} \cdot \overline{K3} + \overline{K1} \cdot \overline{K2} \cdot \overline{K3} + \overline{K1} \cdot \overline{K2} \cdot K3$$

继电器 K1、K2、K3 中任何两个动作时,接触器 KM 动作的条件可写成:

$$KM1 = K2 \cdot K2 \cdot \overline{K3} + K1 \cdot \overline{K2} \cdot K3 + \overline{K1} \cdot K2 \cdot K3$$

因此,接触器动作的条件,即电机运转的条件为:

$$KM = KM1 + KM2 = K1 \cdot \overline{K2} \cdot \overline{K3} + \overline{K1} \cdot K2 \cdot \overline{K3} + \overline{K1} \cdot \overline{K2} \cdot K3$$
$$+ K1 + K2 \cdot \overline{K} + K1 \cdot \overline{K2} \cdot K3 + \overline{K1} \cdot K2 \cdot K3$$

(2)用逻辑代数的基本公式将上式化简:

$$KM = K1(\overline{K2} \cdot \overline{K3} + K2 \cdot \overline{K3} + \overline{K2} \cdot K3)$$
$$+ \overline{K1}(K2 \cdot \overline{K3} + K2 \cdot K3 + K2 \cdot K3)$$
$$= K1[(\overline{K2} + K2)\overline{K3} + \overline{K2} \cdot K3] + \overline{K1}[K2 \cdot \overline{K3} + (\overline{K2} + K2)K3]$$
$$= K1[\overline{K3} + \overline{K2} \cdot K3] + \overline{K1}[K2 \cdot \overline{K3} + K3] \qquad (1)$$

因为　$\overline{K3}+\overline{K2}\cdot K3=\overline{K3}+\overline{K2},K2\cdot\overline{K3}+K3=K2+K3$

所以　$KM=K1[\overline{K3}+\overline{K2}]+\overline{K1}[K2+K3]$

（3）画控制线路

根据上列最后化简式画出的控制线路示意图 3-27。

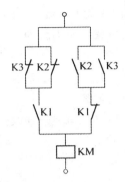

图 3-27　按给定条件用逻辑法设计的控制线路

（4）校验

设计出线路后,应校验继电器 K1、K2、K3 在任一给定条件下,见式（1）中的 6 种情况,电机都运转,即接触器 KM 的线圈都通电。而在其它条件下,如三个继电器都动作或都不动作时,接触器 KM 不应动作。

因此,逻辑设计法一般只作为经验设计法的辅助和补充。尤其是用于简化某一部分线路,或实现某种简单逻辑功能时,是比较方便而又易行的手段;对于一般不太复杂,而又难免带有自馈和交叉互馈环节的继电接触控制线路,一般以采用经验设计法较为简单;但对于某些复杂而又重要的控制线路,逻辑设计法可以获得准确而又简单的控制线路。

3.3.3　电动机的选择

电动机是机电传动系统中最常见的原动机,电动机的选择主要是容量的选择。

1．电动机容量的选择

选择电机容量在机电传动控制系统中是非常重要的一步。选择电机容量过小,生产效率低,使电动机在过载条件下运行,会造成电动机损坏或其它机械故障;反之,若选择的电机容量过大,会造成费用上的浪费,并会使运行效率下降。

选择电动机的容量需考虑以下几个因素。

①发热。当电机的绝缘允许最高温度 θ_a 高于电动机运行时的实际最

高温度 θ_m 时,就会引起发热现象,因此为了减少电机的发热,在选择电容器时应满足, $\theta_m \leqslant \theta_a$。

②过载能力。电机在短期工作时,能承受高于额定功率的负载,并能保证 $\theta_m \leqslant \theta_a$,是因为电动机的热惯性,具有一定的过载能力。所选电动机的最大转矩 T_m(对于异步电动机)或最大电流 I_m 必须大于运行过程中可能出现的最大负载转矩 T_{Lm} 和最大负载电流 I_{Lm},即

$$对于异步电动机 \qquad T_{Lm} \leqslant T_m = \lambda_m T_N$$

$$对于直流电动机 \qquad I_{Lm} \leqslant I_m = \lambda_i I_N$$

式中, λ_m、λ_i 电动机的过载能力系数。

③启动能力。为了保证电动机可靠启动,必须使

$$T_L \leqslant T_{st} = \lambda_{st} T_N$$

式中, λ_{st} 为启动能力系数; T_{st} 为启动转矩。

2. 不同工作制下电动机功率的选择

电动机的运行方式也称为工作制,它分为连续工作制、短时工作制、重复短时工作制三类。

(1)连续运行方式下电动机功率的选择

①恒定负载。对于负载功率 P_L 恒定不变的生产机械(如风机、泵、立式车床等),连续工作制下,电动机的选择原则是 $P_N \geqslant P_L$。

②变负载。在大多数生产机械中,电动机所带的负载是变动的。如果按生产机械的最大负载来选择电动机的功率,则电动机的能力不能充分发挥;如果按最小负载来选择,其功率又不能够满足要求。电机功率的计算方法是将实际变化的负载转化为恒定等效的负载,要求恒定等效负载与实际变化负载之间的温升相同,电机的功率就可以根据等效恒定负载来确定,将这种方法称为等值法。负载的大小可用电流、转矩、功率来代表。

(2)短时工作制下电动机容量的选择

某些生产机械的工作时间短,而停车时间却很长,例如升降机、龙门刨床的夹紧装置等,这类机械的工作特点是,短时工作时温度达不到稳定值 τ_s,长期停车,停车时间足以使电动机冷却到环境温度。由于短时工作制下电动机的发热情况与长期连续工作方式下的电动机不同,所以,电动机的选择也不一样。

①短时工作制电动机。我国生产的短时工作制电动机的标准运行时间有 10min、30min、60min、90min 四种。这类电动机铭牌上所标的额定功率 P_N 和一定的标准持续时间 t_s 相对应。选择时,要求 $P_N \geqslant P_s$, P_s 为电动机工作时的等效功率。

②连续工作制电动机。普通额定功率 P_N 是按长期运行的情况设计的。若将这种电动机用于短时工作,按照 $P_N \geqslant P_L$ 来选择,将不能充分利用电动机的能力,从而造成设备的浪费。因此,为了充分发挥电动机在发热上的潜能,在短时工作状态下,可以使它过载运行,而其过载倍数与 $\dfrac{t_p}{T_h}$(t_p 为短时实际工作时间,T_h 为电动机的发热时间常数)有关,如图 3-28 所示。选择原则是保证

$$P_N \geqslant R_p / K$$

式中,R_p 为短时实际负载功率;P_N 为连续工作制电动机的额定负载。

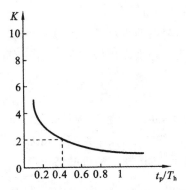

图 3-28 短施工作过载倍数与工作时间

3. 重复短时工作制下电动机的选择

有些生产机械工作一段时间后就停歇一段时间,工作、停歇交替进行,且时间都比较短,如电梯、组合机床与自动线中的主传动电动机等。这类生产机械的工作特点:工作时间 $t_p < 4T_h$,停车(或空载)时间 $t_0 < 4T_h'$,工作时间内电动机的温升不可能达到稳定温升,停车时间内温升还没有下降到零时,下一个周期又已开始。重复性、短时性是重复短时工作制的两个重要特点。通常,用暂载率(或称负载持续率)ε 来表征重复短时工作制的工作情况:

$$\varepsilon = \frac{t_p}{t_p + t_0}$$

(1)选用重复短时工作制的电动机

我国生产的专供重复短时工作的电动机,规定的标准暂载率 ε 为 15%、25%、40%、60%四种,并以 25% 为额定暂载率 ε_{sN},同时,规定一个周期的总时间为 $t_p + t_0$ 不超过 10min。

重复短时工作制电动机容量选择的步骤是:首先根据生产机械的负载图算出电动机的实际暂载率 ε,如果算出的 ε 值与电动机的额定负载暂载率 ε_{sN}(25%)相等,就从该电动机的产品目录中查出额定功率 P_{sN},所选电动机

的 P_{sN} 应等于或略大于生产机械所需功率 P，若 $\varepsilon \neq \varepsilon_{sN}$，则折算功率 P_s 为

$$P_s = P\sqrt{\frac{\varepsilon}{\varepsilon_{sN}}} = P\sqrt{\frac{\varepsilon}{0.25}}$$

（2）选用连续工作制的普通电动机

若选用连续工作制的电动机，此时可看成 $\varepsilon = 100\%$，再按上述方法选择电动机。等效负载功率为

$$P_s = P\sqrt{\frac{\varepsilon}{\varepsilon_{sN}}} = P\sqrt{\frac{\varepsilon}{100\%}}$$

在重复短时工作制的情况下，若负载是变动的，仍可用等值法先算出等效功率，再按上式选择电动机。

以上对于不同工作制电动机容量的选择方法，是针对理想状况给出的，一般来说电动机的负载图与生产机械的负载图是不相同的，在实际应用中要根据具体情况适当给予考虑和修正。

另外，电动机铭牌上的额定功率是在一定的工况下电动机运行的最大输出功率，如果工况变了，也应作适当调整。除了正确选择电动机的功率外，还需要根据生产机械的要求、技术经济指标和工作环境等条件，来正确选择电动机的种类、电压、转速和电动机的结构形式。

3.3.4　电器元件的选择

1.按钮、刀开关等元件的选择

（1）按钮

接通或断开小电流控制电路时，所选取的电路开关常为按钮。按钮的形式多样，例如，指示灯式按钮内装有信号灯来显示信号；旋钮式手钮转进行操作；表示应急操作的紧急式磨菇形钮帽。按钮的额定电压，交流是 500V、直流是 400V；额定电流是 5A～15A。机床经常选用的有 LA2、LA10、LA19、LA20 系列等。选择按钮是需要综合考虑触点数、使用场合和颜色，一般停止按钮选用红色。

（2）刀开关

断开和接通长期工作设备的电源时，需用刀开关，刀开关又名闸刀。刀开关还被用在容量小于 7.5kW，不经常起制动的异步电动机中。当将刀开关用于起动异步电动机时，要求其额定电流不高于电机额定电流的 3 倍。一般刀开关的额定电压不超过 500V。额定电流有 60、100、200、…、1500A 等多种等级。选择刀开关时需要综合电源种类、电机容量、电压等级、使用场合、所需级数等多种因素，择优选择，不少刀开关中有熔断器。

（3）组合开关

组合开关又名电源隔离开关,其作用是将电源引入开关,5kW 以下的异步电动机也可以用组合开关。但在 5kW 以下的异步电动机中需用组合开关时,要求每小时的接通次数在 15～20 次之间,开关的额定电流是电机额定电流的 1.5～2.5 倍。HZ-10 系列是常用的组合开关,适用电压为 220V 以下的直流、380 以下的交流电机设备,额定电流有 10A、25A、60A、100A 四种。

选择组合开关时,应考虑电压等级、电源类型、电机容量和所需触点数等因素。

（4）行程开关

用于限位触断或触通的开关称为行程开关,又名限位开关,其种类繁多,机床常用的有 LX2、LX19、JLXK1、LXW-11、JLXW-11 等型号。LX19及 JLXK1 型行程开关都备有常开、常闭触点各一对,并有自动复位和不能自动复位两种类型。LXW-11 及 JLXW-11 型是微动开关,体积小、动作灵敏,在机床中使用较多。JW2 型组合行程开关,最多可具有常开、常闭触点各五对,在组合机床中也常被采用。普通行程开关的允许操作频率为每小时约 1200～2400 次,机电寿命约为 $1 \times 10^6 \sim 2 \times 10^6$ 次。行程开关的选择主要依据机械位置对开关的要求及触点数目的要求来确定其型号。

（5）自动开关

自动开关又称自动空气断路器。自动开关既能接通或分断正常工作电流,也能自动分断过载或短路电流,分断能力大,有欠压和过载短路保护作用,因此在机械设备上的使用越来越广泛。电气控制系统中常用的自动开关有 DZ10 系列、DZ5-10 系列、DZ5-50 系列等,适用于交流 50Hz 或 60Hz,电压 550V 以下、直流电压 220V 以下的电路中,作不频繁地接通和分断电路之用。自动开关的选择应考虑其主要参数:额定电压、额定电流和允许切断的极限电流。其允许切断的极限电流应略大于电路的短路电流。

2.电磁式继电器的选择

（1）中间继电器的选用原则

选择中间继电器的前提是线圈的电压等级和电流种类与控制电路相同,并根据控制电路的需要确定触点的类型（动合或动断）及其数量。当中间继电器的触点数量满足不了要求时,将两个中间的继电器并联使用,来增加继电器的数目。

（2）电压和电流继电器的选用原则

①线圈的电流种类和电压（电流）等级应与负载电路一致。

②根据控制要求确定继电器的类型（过电压或欠电压,过电流或欠电

流)、触点型式(动合或动断)及其数量。

(3)额定电压(电流)和动作电压(电流)的选择

①过电流继电器。过电流继电器的额定电流应大于或等于被保护电动机的额定电流,根据电动机的工作情况来定动作电流,为电动机启动电流的1.1～1.3倍整。

②欠电流继电器。欠电流继电器的额定电流应大于或等于电动机的额定励磁电流,可取为最小励磁电流的0.85倍,最小励磁电流出现在释放电流应低于励磁电路正常工作范围时。选用欠电流继电器时,其释放电流的整定值应留有一定的调节余地。

③过电压继电器。过电压继电器的动作电压一般按系统额定电压的1.1～1.2倍整定。

④欠电压继电器。欠电压继电器的动作电压一般按系统额定电压的0.4～0.7倍整定。

(4)常用电磁式继电器及其型号说明

常用的电压继电器有JT3、JT4等系列;用作中间继电器的除JT3系列外,还有JZ7、JZ8、JZ14、JZ15、JZ17、JZ18等系列;电流继电器有JT3、JL12、JL14、JL15、JL18、JT3、JT9、JT10等系列。通用继电器JT3系列还可用作时间继电器。此外还有引进德国西门子公司技术生产的3TH系列。继电器型号意义如下:

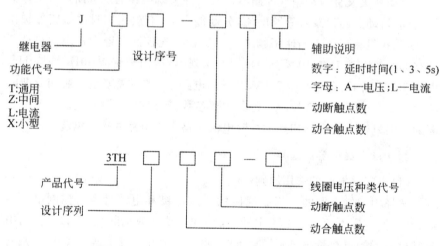

3.热继电器的选择

在机械设备中,热继电器主要用于电动机过载保护。热继电器有两相结构和三相结构之分,一般情况下选用两相结构的热继电器。

机床常用的热继电器有JR0系列和JR10系列。JR0-40型电热继电器是额定电流为 40A,额定电压为－500V 的机床热继电器,JR0-40 型热继电器的技术数据见表 3-2。与其配用的热元件有 10 种电流等级,每一种电流等级的热元件都有一定的电流调节范围。选择电流调节范围适用的热元件,再调节到与电动机额定电流相等,就可更好地进行过载保护。

表 3-2　JR0-40 型热继电器的技术数据

型号	额定电流/A	热元件等级	
		额定电流/A	电流调节范围/A
JR0-40	40	0.61	0.4～0.64
		1	0.64～1
		1.6	1～1.6
		2.5	1.6～2.5
		4	2.5～4
		6.4	4～6.4
		10	6.4～10
		16	10～16
		25	16～25
		40	25～40

热继电器有热惯性。当周围介质的温度在－30℃～40℃时,表 3-3 给出了热继电器的保护特性。例如,热继电器通过额定电流时,将长期保持不动作;当通过的电流增大到整定电流的 1.2 倍时,保持 20min 内不动作。动作时间的计算是从电流通过发热元件,使热继电器发热到稳定温度开始计算的。

表 3-3　热继电器保护特性

整定电流倍数	动作时间	注
1	长期不动作	
1.2	小于 20min	从热态开始
2.5	小于 2min	从热态开始
6	大于 5s	从冷态开始

4.时间继电器的选择

(1)时间继电器的选用原则

①在进行时间继电器选择时,对于电磁式和空气阻尼式时间继电器,其线圈的电流种类和电压等级应与控制电路相同;对于电动机式和电子式时间继电器,其电源的电流种类和电压等级应与控制电路相同。

②按控制电路的要求选择延时方式(通电延时型或断电延时型)、触点型式(延时闭合或延时断开,动合或动断)及其数量。

③对于延时要求不高的场合,可选用空气阻尼式时间或电磁式继电器;对于延时要求较高的场合,可选用数字式或电子式时间继电器。

④选用时应注意电源参数变化的影响。如在电源电压波动较大的场合,应选用电动机式时间继电器和空气阻尼式继电器;在电源频率波动较大的场合,则不宜选用电动机式时间继电器。

⑤选用时应注意环境温度变化的影响。通常在环境温度变化较大的场合,不宜选用空气阻尼式和电子式时间继电器。

⑥选用时还应考虑操作频率的影响。过高的操作频率,将延时动作失调,而且会影响电池寿命。

(2)常用时间继电器及其型号说明

常用直流电磁式时间继电器有 JS3 和 JT3 等系列;空气阻尼式时间继电器有 JS7、JS7-A(JS7-A 为 JS7 的改型产品)、JS23 等系列;电动机式时间继电器有 JS10 和 JS11 等系列;电子式时间继电器有 JSJ、JS14A、JS20、JSS、JS14S(数显式)、JS14P、DHC6(单片机控制)系列以及引进日本富士电机株式会社的 ST 系列、德国西门子公司的 JSZ7 系列等。时间继电器的型号及代表意义如下:

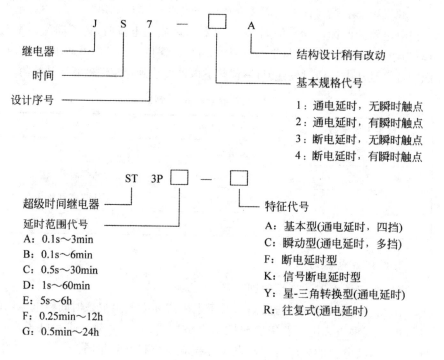

5. 交流接触器的选择

将接触器分为交流接触器和直流接触器两类是根据控制电流性质不同二划分的,接触器的种类繁多,交流接触器是机床中应用最为广泛的一类接触器,如 CJ10、CJ20 系列。

交流接触器的型号:如接触器 CJ10-20,其中 CJ 表示交流接触器;10 表示设计序号;20 表示主触点额定电流为 20A。

要想正确地选用接触器,就必须了解接触器的主要技术数据。其主要技术数据有:

①交流或直流依据电源种类分。

②电磁线圈的电源种类、额定电压、频率。

③主触点额定电压、额定电流。

④辅助触点的触点的额定电流、种类、数量。

⑤额定操作频率。

例如,CJ10 系列接触器的电源为交流,主触点最大电压 500V,最大电流 150A。CJ10 系列接触器的技术数据见表 3-4 所示。

表 3-4　CJ10 系列接触器技术数据

型号	触点额定电压/V	主触点额定电流/A	辅助触点额定电流/A	额定操作频率/(次·小时)	可控制的电动机功率/kW	
					220V	380V
CJ10-10	500	10	5	600	2.5	4
CJ10-20	500	20	5	600	5.5	10
CJ10-40	500	40	5	600	11	20
CJ10-60	500	60	5	600	17	30
CJ10-100	500	100	5	600	30	50
CJ10-150	500	150	5	600	43	75

交流接触器的使用和选择,主要考虑主触点的额定电流、辅助触点的数量与种类、吸引线圈的电压等级、操作频率等。例如:

①主触点电流 I_c 的选择。可按电动机的容量 P_e 计算触点电流 I_c。对 CJ10 等系列的触点电流,可按下面经验公式计算:

$$I_c = \frac{P_e \times 10^3}{KU_e}$$

式中，I_c 为接触器主触点电流（A）；P_e 为被控电动机功率（kw）；U_e 为电动机额定线电压（V）；K 为经验常数，一般取 1～1.4。

被选定的接触器要满足条件：

$$I_{ec} \geqslant I_c$$

式中，I_{ec} 为被选定接触器的额定电流。

②接触器触点额定电压 U_{cc} 的选择。通常应使 U_{cc}（即应大于或等于线路额定电压）。交流接触器触点的额定电压 U_{ex}，一般为 500V 或 380V。

③接触器的触点数量、种类等应满足线路的需要。

④接触器吸引线圈电压。首先从设备和人身安全考虑选择电压低一些的吸引线圈，但当所用电器不多，控制线路比较简单时，可选用 380V 的吸引线圈电压，能节省变压器。如 CJ10 系列线圈电压等级为 36、110、220 及 380V 四种。

6.断路器的选择

(1)断路器的选用原则

①断路器的额定电压应等于或大于线路额定电压。

②断路器的额定电流应等于或大于线路计算负载电流。

③断路器的额定短路通断能力应等于或大于线路中可能出现的最大短路电流。如果断路器的通断能力不够，应采取以下措施：采用两级断路器共同运行以提高短路分断能力，这时应将上一级断路器的脱扣器瞬动电流整定在下级断路器额定短路通断能力的 80％左右；采用限流断路器。

④在电源侧增设后备熔断器。

⑤根据主电路系统对保护的要求，选择脱扣器的形式及额定电压（电流）。欠电压脱扣器的额定电压应等于线路的额定电压；分励脱扣器的额定电压应等于控制电源电压。

(2)常用断路器及其型号说明

目前，国内常用的断路器产品有：塑料外壳式断路器 DZ10、DZ15、DZ20、3WE（引进德国西门子公司技术制造）、H（引进美国西屋电气公司技术制造）、T（引进日本寺崎株式会社技术制造）等系列；万能框架式断路器，有我国自行开发的 DW10、DW15、DW16、DW45 等系列、中法合资天津梅兰日兰有限公司的 C45 系列以及引进国外技术生产的产品，如德国 AEG 公司的 ME（DW17）系列、日本三菱电机公司 AE（DW19）系列、日本寺崎株式会社的 AH（DW914）系列等。

断路器型号意义如下：

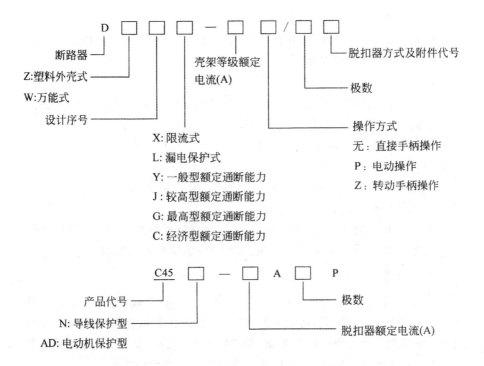

3.3.5　电气原理图设计的基本步骤和规律

1. 电气原理图设计的基本步骤

①系统原理框图的设计,其依据是拖动方案和控制方式系统,将各部分的主要技术参数和要求一同注明。

②主电路的设计,其设计依据是原理框图,以下几个问题是主电路设计时需要考虑的。

a. 每台电机的启动线路的控制方式是依据电机的容量和拖动负载性质的要求选择的,对于启动负载不大的小容量电动机,其启动方式可采取直接启动,其他电机一般采取降压启动方式。

b. 转向控制是由运动要求决定的。

c. 设置过载保护或过电流控制措施的依据是每台电动机的工作制。

d. 采取何种控制方式,需要参考拖动负载及工艺要求。

e. 设置短路保护及其他必要的电气保护。

f. 对主电路参数测量、调速要求、信号检测等一些特殊的要求也要给予考虑。

③控制回路是依据主电路的控制要求设计的,其设计方法为:

a.控制电路电压种类与大小的正确选择。

b.控制各环节的设计,其设计依据是每台电动机的启动、调速、运行、制定、保护等多方法的要求。

c.必要的连锁的设置。

d.各种电气保护的设置,包括短路保护、设计任务书要求和位置的保护、电流保护、电压保护,以及其他物理量的保护。

e.特殊要求的控制环节的设计、如自动变速、工艺参数、自动循环等控制环节的设计。

④辅助线路的设计,其设计依据是照明、指示、报警等要求。

⑤总体检查、修改、补充及完善。

⑥电气元件的正确、合理选择,并依据规定格式编制目录表,以供查阅。

⑦根据完善后的设计草图,按电气制图标准绘制电气原理图。

2.电气原理图设计的一般规律

①电气控制系统应满足生产机械的工艺要求。在设计前,应对生产机械的工作性能、结构特点、运动情况、加工工艺工程及加工情况进行充分的了解,并在此基础上考虑控制方案,如控制方式、启动、制动、反向及调速要求,必要的联锁与保护环节,以保证生产机械工艺要求的实现。

②尽量减少控制电路中电流、电压的种类,控制电压选择标准电压等级。

③尽量选用典型环节或经过实际检验的控制线路。

④在控制原理正确的前提下,减少连接导线的根数与长度;合理安排各电气元件之间的连线,尤其注重电气柜与各操作面板、行程开关之间的连线,使电路结构更为合理。例如,图 3-29(a)所示的两地控制线路的原理虽然正确,但因为电气柜及一组控制按钮安装在一起,距另一地的控制按钮有一定的距离,所以两地间的连线较多,而图 3-29(b)所示控制线路的两地间的连线较少,结构更合理。

⑤合理安排电气元件及触点的位置。

⑥减少线圈通电电流所经过的触点数,提高控制线路的可靠性;减少不必要的触点和电器通电时间,延长器件的使用寿命。在如图 3-30(a)所示的顺序控制线路中,KA3 线圈通电电流要经过 KA1、KA2、KA3 的三对触点,若改为图 3-30(b)所示线路,则每个继电器的接通只需经过一对触点,工作较为可靠。

⑦保证电磁线圈的正确连接。电磁式电器的电磁线圈分为电压线圈和电流线圈两种类型。

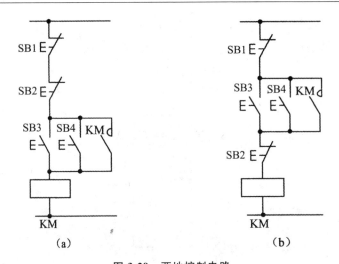

图 3-29　两地控制电路

(a)控制电路(一);(b)控制电路(二)

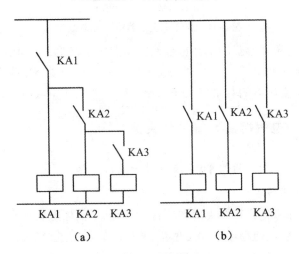

图 3-30　线圈的电控制

(a)不可靠;(b)可靠

　　为保证电磁机构的可靠工作,动作电器的电压线圈只能并联连接,不允许串联连接,否则因衔铁气隙的不同,线圈交流阻抗不同,电压不会平均分配,会导致电器不能可靠工作;反之,电流线圈同时工作时只能串联连接,不能并联连接,以避免出现寄生电路。如图 3-31 所示为存在寄生电路的控制线路,所谓寄生电路是指控制线路在正常工作或事故情况下,意外接通的电路。若有寄生电路存在,将破坏线路的工作顺序,造成误动作。图 3-31 中的控制线路在正常情况下能完成启动、正反转和停止的操作控制,信号灯也能指示电动机的状态,但当出现过热故障,热继电器 FR 的常闭触点断开时,会出现如图中虚线所示的寄生电路,将使 KM1 不能断电释放,电动机则会失去过热保护。

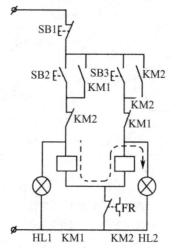

图 3-31　存在寄生电路中的控制线路

⑧控制变压器容量的选择。控制变压器用来降低控制线路和辅助线路的电压,满足一些电气元件的电压要求。在保证控制线路工作安全、可靠的前提下,控制变压器的容量应大于控制线路最大工作负载时所需要的功率。

3.3.6　电气控制系统设计实例

1.某箱体需加工两侧平面,特设计一专用机床

(1)设计任务书

加工的方法是将箱体夹紧在滑台上,两侧平面用左右动力头铣削加工,加工前,滑台应快速移动到加工位置,然后改为慢速进给。滑台速度的改变是由齿轮变速机构和电磁铁来实现的。电磁铁吸合时为快进,电磁铁放松时为慢进。滑台从快速移动到慢速进给应自动变换,切削完毕要自动停车,由人工操作滑台快速退回。该专用机床共有三台异步电动机。两个动力头电动机均为 4.5kW,只需单向运转;滑台电动机功率为 1.1kW,需正反转。

(2)设计控制线路原理图

①主回路设计。滑台电动机的正反转分别用接触器 KM1 和 KM2 控制。左右铣头的工作情况完全一样,故用接触器 KM3 同时控制之,接线时注意它们的转动方向。主回路控制线路示于图 3-32。

②控制回路设计。滑台电动机应能正反转,因此选择两个起、停单元线路组合成滑台电动机的正反转线路。分别由其按钮 SB4、SB5 和 SB2、SB3

控制起动和停止。滑台电动机起动正转后,动力头电动机即可起动;而滑台电动机正转停车后,动力头电动机也应停止。所以应由接触器 KM1 的常开触点控制左右动力头的起、停。以上控制部分线路见图 3-33(a)。

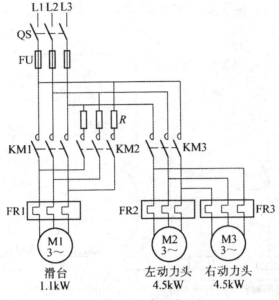

图 3-32　主回路

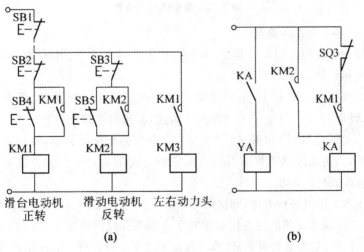

(a)　　　　　　　　　　　　　(b)

图 3-33　控制回路草图

滑台起动时应当快速,即当接触器 KM1 通电时,电磁铁 YA 应吸合;滑台由快速变为慢速时,可用行程开关 SQ3 发出信号,使电磁铁释放;滑台返回时又应快速移动,即当 KM2 通电时电磁铁又应吸合。但考虑到电磁铁电感大,电流冲击大,因此选择中间继电器 KA 组成电磁铁的控制回路,见图 3-33(b)。

（3）设置联锁保护环节

滑台上的自动停车可分为慢速进给终止和快速返回到原位两类。调节器进行行程控制的开关有开关 SQ1 和 SQ2 两类。另外，三台电动机均应采用热继电器进行过载保护，接触器 KM1 和 KM2 之间应能互锁；完整的控制线路示于图 3-34。

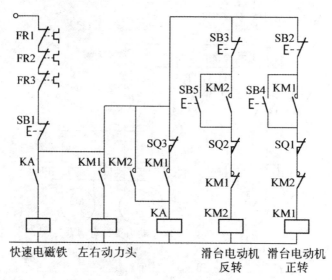

图 3-34　完整的控制线路

（4）修改完善线路

控制线路初步设计完毕后，可能存在不合理之处，应当仔细校核。以图 3-35 为例说明。

①普通常用的 CJ10 系列接触器只有两对常开辅助触点，图中的接触器 KM1 使用了三对常开辅助触点。因此，必须对此线路进行修改。

②接触器 KM1 和 KM3 可采用同一型号的交流接触器，可将其电磁线圈并联，因为从线路工作图可以看出它们之间是同时工作和释放的。对其进行修改，见图 3-35。

还可采用另一种方法，即接触器 KM3 线圈依然如图 3-34 的接法，但用接触器 KM3 的常开辅助触点代替中间继电器 KA 线圈串接 KM1 的常开辅助触点。这样，只需要两对 KM1 常开辅助触点了。这样修改后的路见图 3-36。

2.龙门刨床横梁升降—夹紧机构控制设计

（1）主电路设计

横梁升降和横梁夹紧分别由异步电动机 M1 和 M2 拖动。为了保证实现横梁上、下移动和夹紧、放松的要求，电动机必须能够实现正、反向运转，故采用 KM1～KM4 四个接触器来改变电源相序,以分别控制升降电动机 M1 和夹紧电动机 M2 的正反转,主电路如图 3-37(a)所示。

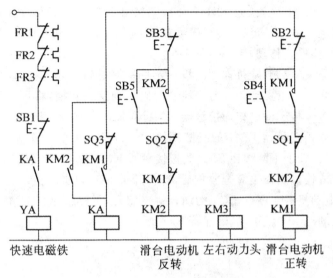

图 3-35　第一次修改后的线路

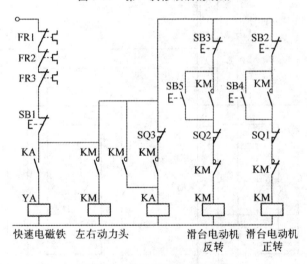

图 3-36　第二次修改后的线路

(2)控制电路设计

首先确定控制电路的基本部分,即横梁升降电动机 M1 和夹紧电动机 M2 的正反转控制线路。这一部分的设计采用电动机正反转基本控制电路,并设置必要的互锁环节。以电动机 M1 为例,设置由上升按钮 SB1、下降按钮 SB2 以及横梁上升接触器 KM1、下降接触器 KM2 组成的正反转控制环节,并采用电气和机械双重互锁。

其次,根据生产工艺要求,设计控制电路的其他部分。具体设计如下:

①工艺要求横梁移动为点动操作,故采用点动控制环节以实现这一要求。按下上升(下降)按钮 SB1(SB2),则接触器 KM1(KM2)线圈得电,横梁升降电动机 M1 正转(反转),横梁开始上升(下降)。松开按钮,接触器线圈断电,横梁停止移动。

②横梁夹紧和升降机构之间按一定的顺序进行动作转换,即横梁在完全松开后才能上下移动。按行程控制原则实现这一转换:将行程开关 SQ1的动合触点串接于横梁移动接触器 KM1 和 KM2 的线圈回路中,其动断触点串接于放松接触器 KM4 的线圈回路中。以横梁下降动作为例,当需要横梁下降时,按下下降按钮 SB2,放松接触器 KM4 得电,夹紧电动机 M2 反转使横梁放松。当横梁完全放松后,行程开关 SQ1 动断触点断开,KM4 断电,夹紧电动机 M2 停止;SQ1 的动合触点闭合,下降接触器 KM2 得电,横梁升降电动机 M1 反转,横梁开始下降。

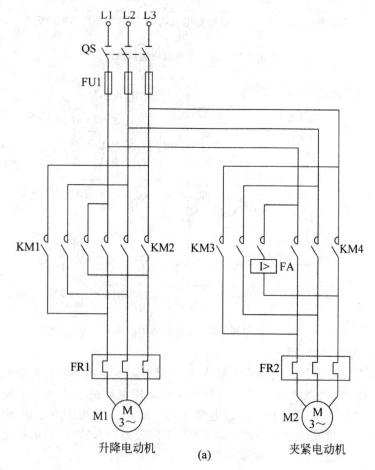

(a)

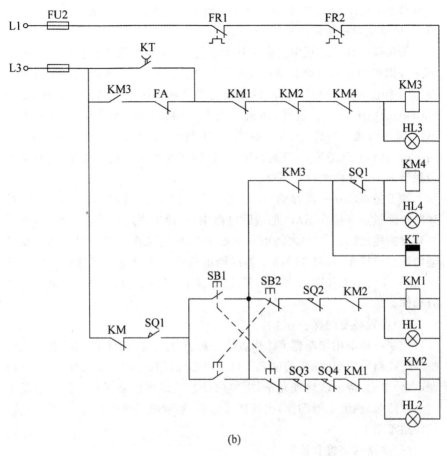

(b)

图 3-37　龙门刨床横梁升降夹紧自动控制线路

(a)主电路;(b)控制电路

③工艺要求结束操作后,在升降动作停止的同时,横梁应自动夹紧于立柱上,这一要求按时间原则实现。仍以横梁下降为例,按下横梁下降按钮 SB2,放松接触器 KM4 得电;同时,断电延时时间继电器 KT 亦得电,其延时打开动合触点闭合,为夹紧接触器 KM3 得电作好准备。如前所述,当行程开关 SQ1 动作时,横梁下降。当横梁下降到所需位置时,松开 SB2,KM2 断电,横梁停止移动,与此同时 KM4 和 KT 也断电。由于 KT 的动合触点需要延时一段时间才能打开,故 KM3 得电并自锁,夹紧电动机 M2 正转,横梁开始夹紧。

④工艺要求应适当控制横梁夹紧机构的夹紧力。夹紧力的控制可以采取多种方法,通常按电流原则控制,即通过测量电流的大小来反映夹紧力。当横梁夹紧至一定压力时,电流增大,使串接在夹紧电动机主电路中的过流

继电器 FA 动作,其动断触点断开夹紧接触器 KM3,于是,夹紧电动机自动停车,横梁夹紧机构停止夹紧。

⑤在横梁移动过程中应限制其上下行程,线路中采用行程开关 SQ2～SQ4 分别作为限制横梁运动行程的元件,由它们发出的控制信号通过接触器作用于电动机。SQ2～SQ4 的动断触点分别串接于移动接触器 KM1 和 KM2 的线圈电路中。这样,当横梁向上移动接近上梁时,压动行程开关 SQ2,其动断触点断开,上升接触器 KM1 断电,于是横梁停止上升;当横梁向下运动时,在接近左(右)侧刀架时,行程开关 SQ3(SQ4)动作,断开下降接触器 KM2,使横梁停止下降。

⑥工艺要求在横梁移动时,夹紧机构不能夹紧,故将 KM1 和 KM2 的动断辅助触点串接在 KM3 的线圈电路中,从而实现这一要求。此外,横梁升降与主拖动(32 作台)之间也有互锁要求,故将工作台接触器 KM 的动断辅助触点串接在 KM1 和 KM2 的线圈电路中。该触点在工作台工作时断开,在工作台不工作时闭合,从而保证了横梁升降机构和工作台之间不能同时动作。

(3)设置必要的保护环节

控制线路采用熔断器 FU 作短路保护、热继电器 FR1 和 FR2 作过载保护。当线路发生短路时,熔断器 FU1(FU2)的熔体熔断以切断主电路(控制电路)电源,待事故处理完毕,更换熔断器后即可恢复工作。当线路发生过载故障时,热继电器动作,当故障排除后,热继电器可以自动或手动复位,使线路重新工作。

(4)线路的完善和校验

初步设计完控制线路后,还应仔细校核有无不合理之处,并进行修改,以使其更加合理完善。例如,减少不必要的触点数量,合理布局以节省电器元件间的连接线等。尤其是应该对照工艺要求重新分析和研究所设计的线路,检查是否已经实现了所有的要求,以及在误操作时线路是否会发生事故等等。为了更好地掌握横梁升降—紧机构的运行状况,控制电路中还设置了横梁状态显示环节。设计的控制电路如图 3-37(b)所示。

由上所述,在进行电气线路设计时,首先应熟悉和掌握生产工艺要求,并以此为根据进行电路设计:一般先设计主电路,然后设计控制电路,并设置必要的连锁和保护环节。初步设计完成后,应仔细检查,反复验证,以确定线路是否符合设计的要求,并作进一步的修改和简化,使之完善。当然,也可用逻辑设计方法进行逻辑分析和线路简化,以优化设计,但当系统比较复杂时,此法难以奏效。在控制线路设计方案确定下来之后,应选择适当的电器元件的规格型号,使设计功能得以充分实现。

第4章 可编程控制器及其系统设计

不同厂家、同一厂家不同系列 PLC 的编程语言各不相同,但指令的基本功能却大致相同,只要熟悉了其中一种 PLC 的语言,对于学习其他 PLC 指令有很大帮助。本章阐述了可编程控制器的编程语言与工作过程,重点介绍了 S7-200 系列 PLC、S7-200 系列 PLC 常用指令及 PLC 控制系统软硬件设计及设计举例。

4.1 可编程控制器的编程语言与工作过程

4.1.1 可编程序控制器的编程语言

国际电工委员会(IEC)1994 年公布的可编程序控制器标准的第三部分(IEC1131-3)说明了 PLC 的五种编程语言表达方式,分别是顺序功能图(sequential function chart,SFC)、梯形图(ladderdiagram,LAD)、功能块图(function block diagram,FBD)、指令表(instruction list)和结构文本(structured text)。这些都属于推荐性的 PLC 国际标准编程语言。

国内 PLC 常用的编程语言主要有梯形图、功能块图和指令表三种,三种语句之间可以相互转换,最终以指令表的机器码形式存储在 PLC 的程序存储器中。其中,梯形图和功能块图都是图形化的编程语言。

1. 梯形图语言

梯形图是用得最多的图形编程语言,其基本结构如图 4-1 所示。它沿用了继电器、触点、串/并联等术语,简化了图形符号,其表达方式与电气控制电路图相呼应,形象、直观、易懂,很容易被工厂熟悉继电器控制的技术人员掌握,又非常适用于开关量的逻辑控制,是 PLC 的主要编程语言之一,也是国内 PLC 编程使用最多的语言。

2. 功能块图语言

功能块图沿用了数字电路中的逻辑门电路的形式。它用类似于与门、或门、非门、与非门等逻辑门的方框来表达逻辑运算关系,每种方框表示一种特定的功能,框图内的符号表达了该功能图的功能。图 4-2 所示为用

SIEMENS 公司的 Step7 V5.4 编程软件编写的用于 S7-300 和 S7-400PLC 产品的功能块图语言。

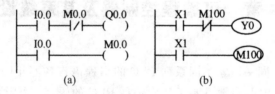

图 4-1 梯形图的基本结构形式

(a)西门子格式的梯形图;(b)三菱格式的梯形图

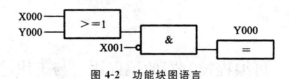

图 4-2 功能块图语言

功能块图中方框的左侧为输入量,方框的右侧为输出量,输入、输出端的小圆圈表示"非"运算,方框用"导线"连接起来,信号流从左向右流动。

3.指令表语言

指令表也称作语句表,是用一个或几个字符来表示某种操作功能的编程语言,CPU 执行程序时按照指令的存储顺序依次扫描。不同型号的 PLC 往往采用不同的符号集。指令表语言可以实现某些不能用梯形图或功能块图实现的功能,较适合经验丰富的 PLC 程序员使用。

指令表语句一般由操作码和操作数(或操作元件)构成,操作码用来指定要执行的具体功能,操作数指出执行操作所需信息的地址或数据。

4.1.2 PLC 的工作过程

PLC 是在系统程序的管理下,按固定顺序执行用户程序,从而实现控制要求。概括地讲,PLC 执行程序是按周期性循环扫描的方式进行的。每扫一次,要经历的过程大致相似,首先是样品的输入,然后是透过程序对样品进行分析,最后把分析出的数据结构进行输出。每一次扫描所用的时间称为一个扫描周期。PLC 的工作过程如图 4-3 所示。

1.输入采样阶段

PLC 工作过程的第一步是对输入端子的信息进行扫描储藏,然后把扫描得到的信号信息相应的寄存到映像寄存器中,这个过程就是输入采样阶段。

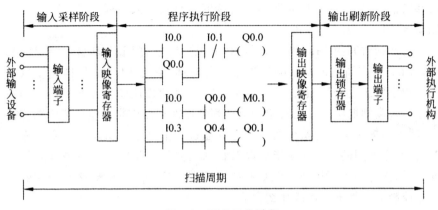

图 4-3　PLC 工作过程

2.程序执行阶段

在程序执行阶段,PLC 从开始执行相应的命令,按照程序要求进行逻辑运算,从开始的输入采样阶段进入程序执行阶段,同逻辑指令进行运算,并得出相应的运算结果,并将结果送入相应的部分储存。

在程序执行过程中,对于输入/输出的存取通常是通过映像寄存器,程序存取映像寄存器比存取 I/O 点要快得多,因此使程序执行更加迅速。数字量 I/O 点必须按位来存取,而映像寄存器除了按位存取外,还可以按字节、字或双字来存取,更具有灵活性。

3.输出刷新阶段

经过输入采样阶段和程序执行阶段后,PLC 进入输出刷新阶段,完成 PLC 的实际输出。

由此可以看出,PLC 工作过程的最大特点是集中输入、集中输出,即当 PLC 工作在程序执行过程中,只要 PLC 的一个完整的工作过程没有结束,那么输入映像寄存器的内容就不会发生变化,即便是输入采样阶段中的外部输入新的内容,也不会影响到 PLC 的工作过程,相当于外界对输入映像存储器是隔绝的,外界发生变化时不能对其造成影响,只有一个工作周期结束,进行新一轮的扫描才会有新的采样进入到新的一轮 PLC 工作过程中。也就是经过一个扫描周期才集中采样写入输入端的新内容。同样,暂存在输出映像寄存器的输出信号,需要等到一个扫描周期结束后才集中送至输出锁存电路,实现对外部设备的控制。因此,输入/输出信号状态的保持周期为一个扫描周期。

PLC 的扫描周期是一个重要参数。一般来说,扫描周期包括输入采样、程序执行和输出刷新三个阶段,但是严格来说,它还应该包括自诊断阶段和通信阶段,因此扫描周期等于自诊断、通信、输入采样、程序执行、输出刷新等阶段所用时间之和。

自诊断时间因 PLC 型号而异,对于相同型号的 PLC,其自诊断时间相同。PLC 扫描周期主要取决于程序执行时间,它与 PLC 的扫描速度以及用户程序的长度密切相关。PLC 型号不同,其扫描速度也各不相同。用户程序的长度则取决于控制对象的复杂程度以及程序中是否包含特殊功能指令,因为扫描特殊功能指令的时间远远超过扫描基本逻辑运算指令所需的时间,而且不同的特殊功能指令以及特殊功能指令相同但逻辑控制条件不同,其扫描时间也不相同。PLC 扫描周期通常为 10～40ms,这对于一般的工业控制应用都不会造成什么影响。

4.2　S7-200 系列 PLC

S7-200 系列 PLC 是德国西门子公司于 20 世纪 90 年代推出的整体式小型 PLC,其功能强大、结构紧凑,具有很高的性能价格比,在中小规模控制系统中得到广泛应用。图 4-4 所示为一个完整的 PLC 系统。

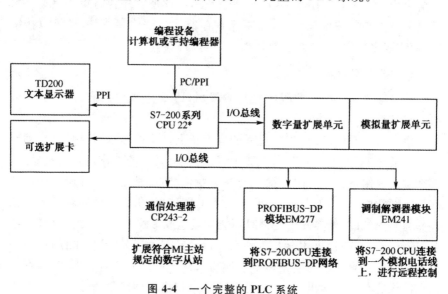

图 4-4　一个完整的 PLC 系统

S7-200 系列 PLC 的主要特点为:

①功能模块多样化、扩展模块和人机界面可供选择,因此系统的集成和扩展非常方便。

②运算速度快,基本逻辑控制指令的执行时间为 $0.22\mu s$。

③具有功能齐全的编程软件和工业控制组态软件,使得控制系统的设计更加简单,而且几乎可以完成任何功能的控制任务。

④集成了高速计数输入和高速脉冲输出,最高计数频率达 200kHz,最高输出频率达 100kHz。

⑤具有强大的通信和网络功能,带有一个或两个 RS-485 串行通信接口,用于编程或通信,无需增加硬件就可以和其他的 S7-200 系列 PLC、S7-300/400 PLC、变频器或计算机进行通信;支持 PPI(点到点)、MPI(多点)、PROFIBUS-DP、自由口等多种协议。

4.2.1　S7-200 系列 PLC 的模块

1.CPU 模块

CPU 模块即基本单元,S7-200 系列 PLC 有 4 种基本型号的多种 CPU 可供选择。CPU 模块的外形如图 4-5 所示,其中,I/O 指示灯用于显示各 I/O 端子的状态;状态指示灯用于显示 CPU 的工作状态,SF 为系统错误,RUN 为运行,STOP 为停止;可选卡插槽用来插入 E^2PROM 卡、时钟卡和电池卡;通信口用来连接 RS-485 总线的通信电缆;顶部端子盖下面为输出接线端子和 PLC 供电电源端子,输出端子的运行状态由顶部端子盖下方的 I/O 指示灯显示,灯亮表示对应输出端子为 ON 状态;底部端子盖下面为输入接线端子和传感器电源端子,输入端子的运行状态由底部端子盖上方的 I/O 指示灯显示,灯亮表示对应输入端子为 ON 状态;前盖下面为模式选择开关和扩展模块插座,将选择开关拨向 STOP 位置时,PLC 处于停止状态,此时可以向 PLC 中输入程序;将开关拨向 RUN 位置时,PLC 处于运行状态,此时不能向 PLC 中输入程序。扩展模块插座用于接插总线电缆,由此连接扩展模块,以实现 I/O 扩展。

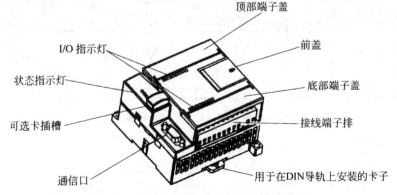

图 4-5　S7-200 系列 PLC 的 CPU 模块外形

S7-200 系列 PLC 的输入信号采用 24V 直流电压,该电压可以由外部提供,也可以使用由 PLC 内部提供的 24V 直流电源。

在 S7-200 系列 PLC 中,每种基本单元都有晶体管和继电器两种输出形式,它们在电源电压和输出特性方面有较大区别,其应用领域也各有所长。当输出形式为晶体管式时,PLC 由 24V 直流供电,负载也只能用直流供电。晶体管式输出可以输出高达 20kHz 的高速脉冲,可直接驱动步进电动机或对伺服电动机控制器发送控制脉冲进行准确定位,但其驱动能力不足。当输出形式为继电器式时,PLC 由 220V 交流供电,负载可以选用直流供电,也可以选用交流供电。若负载采用交流供电,则单口驱动能力可达 2A,但不能输出高速脉冲,而且输出有 10ms 的延迟,因此该输出方式多用于直接驱动负载。

如图 4-6 所示为 CPU224 型 PLC 使用内部 24V 直流电源为输入回路供电,输出为晶体管式时的硬件连接方式。如图 4-7 所示为 CPU224 型 PLC 使用外部 24V 直流电源为输入回路供电,输出为继电器式时的硬件连接方式。

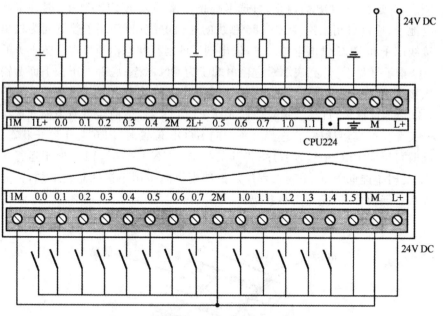

图 4-6　晶体管输出形式时的硬件连接方式

2. 扩展模块

当 CPU 的本机 I/O 点数不能满足控制要求或需要完成某种特殊功能时,应选择合适的扩展模块。S7-200 系列 PLC 的扩展模块包括 I/O 扩展模块、温度扩展模块、通信模块和特殊功能模块等。除了 CPU221，其他 CPU 模块可以连接 2～7 个扩展模块。扩展模块有两种安装方式，即面板安装(用螺钉将模块安装在柜板或墙面上)和标准导轨安装，并通过总线连接电缆与布置在其左侧的 CPU 模块相互连接。

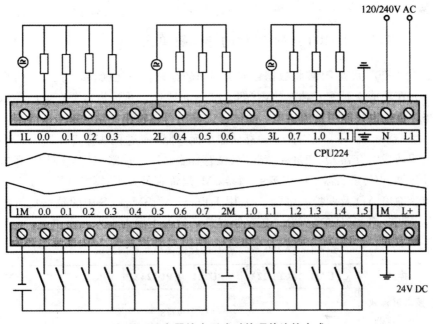

图 4-7　继电器输出形式时的硬件连接方式

扩展模块有以下几种。

①数字量 I/O 扩展模块。数字量 I/O 扩展模块用于解决本机集成的数字量 I/O 点数不够的问题。

②模拟量 I/O 扩展模块。在生产过程中有许多输入量是随时间连续变化的模拟信号，如温度、压力、流量和转速等，而某些执行机构(如电动调节阀和变频器等)要求 PLC 输出模拟量信号。但是作为微型计算机，PLC 只能处理数字量信号，因此在 S7-200 系列 PLC 中提供了模拟量 I/O 扩展模块来实现 A/D 转换和 D/A 转换。S7-200 系列 PLC 的模拟量 I/O 扩展模块具有最佳的适应性，可适用于复杂的控制场合；无需外加放大器就可与传感器和执行器直接相连；具有较大的灵活性，当实际应用发生变化时，PLC 可作相应的扩展，并可非常容易地调整用户程序。

③温度扩展模块。温度扩展模块可以看作是一种特殊的模拟量输入扩展模块，S7-200 系列 PLC 通过这种模块与热电偶或热电阻直接相连，以实现温度测量。

④通信模块。S7-200 系列 PLC 除了在本机上集成了 RS-485 通信口外,还可以接入通信模块,以增强其通信和联网能力。

⑤EM253 位控模块。EM253 是定位控制模块,它能产生高速脉冲串,用于步进电动机或伺服电动机的速度和位置的开环运动控制,其外形尺寸为 71.2mm×80mm×62mm。

4.2.2 S7-200 系列 PLC 的存储器单元

S7-200 系列 PLC 将数据存放于不同的存储器单元(编程软元件),每个单元在功能上是相互独立的,并拥有唯一的地址。通过指出要存取的存储器单元的地址,可以允许用户程序直接存取该地址中的数据。

S7-200 系列 PLC 有 13 种存储器单元,即输入过程映像寄存器 I、输出过程映像寄存器 Q、变量存储器 V、位存储器 M、定时器 T、计数器 C、高速计数器 HC、累加器 AC、特殊存储器 SM、局部存储器 L、模拟量输入 AI、模拟量输出 AQ 及顺控继电器 S,其中 I、Q、V、M、SM、L、S 中的数据均可按位、字节、字和双字来存取。各存储器单元的大小见表 4-1。

表 4-1 S7-200 系列 PLC 的存储器单元有效范围

描述	CPU221	CPU222	CPU224	CPU224XP	CPU226	CPU226XM
输入过程映像寄存器	I0.0～I15.7					
输出过程映像寄存器	Q0.0～Q15.7					
变量存储器	VB0～VB2047		VB0～VB8191		VB0～VB10239	
位存储器	M0.0～M31.7					
定时器	T0～T255					
计数器	C0～C255					
高速计数器	HC0,HC3～HC5		HC0～HC5			
累加器	AC0～AC3					
特殊存储器	SM0.0～SM179.7	SM0.0～SM299.7	SM0.0～SM549.7			
特殊存储器(只读)	SM0.0～SM29.7	SM0.0～SM29.7	SM0.0～SM29.7			

描述	CPU221	CPU222	CPU224	CPU224XP	CPU226	CPU226XM
局部存储器	LB0~LB63					
模拟量输入	—	AIW0~AIW30	AIW0~AIW62			
模拟量输出	—	AQW0~AQW30	AQW0~AQW62			
顺控继电器	S0.0~S31.7					

4.2.3　S7-200 系列 PLC 的寻址方式

S7-200 系列 PLC 指令由操作码和操作数两部分组成,操作码用于指明指令的功能,而操作数则是操作码操作的对象。寻找参与操作的数据地址的过程称为寻址。S7-200 系列 PLC 提供了三种寻址方式:立即寻址、直接寻址和间接寻址。

1. 立即寻址

立即寻址是指操作数在指令中以常数形式出现。如 MOVW 16♯1000 VW10,该指令的功能是将十六进制数 1000(源操作数)传送到 VW10(目的操作数)中。很显然,指令中的源操作数 16♯1000 为立即数,这个指令的寻址方式就是立即寻址。

在 PLC 编程中经常会用到常数,常数数据的长度可为字节、字和双字,在书写时可以用十进制、十六进制、二进制、ASCII 码或浮点数(实数)等多种形式,可表示为:十进制 10050,十六进制 16♯2742,二进制 2♯10011101000010,ASCII 码"System Fault",浮点数＋1.175495E-38(正数)或－1.175495E-38(负数),其中♯为常数的进制格式说明符,如果常数无任何格式说明符,则系统默认为十进制常数。

2. 直接寻址

直接寻址是指操作数在指令中以存储器单元地址的形式出现。如 MOVB VB20 VB30,该指令的功能是将变量存储器 VB20 中的字节数据传送给 VB30。指令中源操作数的数据并未直接给出,而是明确指出了存储操作数的地址 VB20,允许用户程序到该地址中存取操作数,该指令的寻址方式就是直接寻址。

如前所述,存储器单元中的数据可按位、字节、字和双字方式来存取,现以输入过程映像寄存器为例,说明 S7-200 系列 PLC 存储器单元地址的表示方法。

(1)按位寻址

按位寻址时地址格式为:

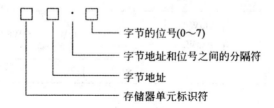

如 I0.0 表示输入过程映像寄存器中字节 0 的第 0 位,如图 4-8 所示。

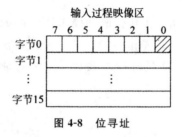

图 4-8 位寻址

(2)按字节寻址

按字节寻址时地址格式为:

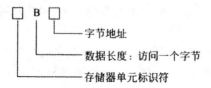

如 IB0 表示输入过程映像寄存器的字节 0,由 I0.0～I0.7 组成,其中 I0.0 为最低位,I0.7 为最高位。

(3)按字寻址

按字寻址时地址格式为:

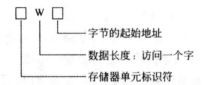

如 IB0 表示输入过程映像寄存器中由相邻的两个字节 IB0 和 IB1 组成的一个字,其中,IB0 为最高有效字节,IB1 为最低有效字节。

（4）按双字寻址

按双字寻址时地址格式为：

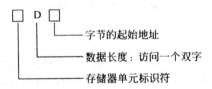

如 ID0 表示输入过程映像寄存器中由相邻的 4 个字节 IB0～IB3 组成的一个双字，其中，IB0 为最高有效字节，IB3 为最低有效字节。

针对同一地址进行字节、字、双字寻址操作的比较如图 4-9 所示，图中 LSB 为最低有效位，MSB 为最高有效位。

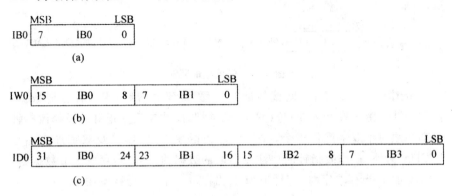

图 4-9　字节、字、双字寻址操作比较

（a）字节寻址；（b）字寻址；（c）双字寻址

3. 间接寻址

间接寻址是用地址指针（存储器单元地址前加“＊”号）来存取存储器单元中的数据。这种寻址方式在处理连续地址中的数据时十分方便，而且可以缩短程序代码长度，使编程更加灵活。

在 S7-200 系列 PLC 中，可以使用间接寻址方式访问的存储器单元为 I、Q、V、M、S、T（仅限于当前值）和 C（仅限于当前值），间接寻址方式无法访问位地址以及 AI、AQ、HC、SM 和 L 存储区。另外，间接寻址的指针只能使用 V、L 和 AC1～AC3。

间接寻址的应用举例如图 4-10 所示。在指令 MOVD＆VW100，AC1 中，源操作数 VW100 前面的“＆”号表明是要把存储区的地址而不是其中存放的数据传送到该指令的目的操作数 AC1 中。该指令执行完毕后，生成了间接寻址的地址指针 AC1，因此在第二条指令 MOVW ＊AC1，AC0 中，源操作数 AC1 的前面加上了“＊”号。该指令的执行结果是将存储在

VB100 和 VB101 中的数据传送到累加器 AC0 的低 16 位。

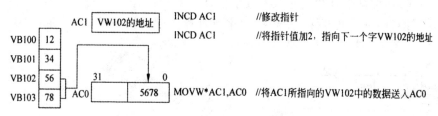

图 4-10 间接寻址举例

由图 4-10 可以看出,间接寻址的过程为:建立指针;用指针存取数据;修改指针。由于指针为 32 位(双字)的数据,因此在建立指针以及修改指针时都必须使用双字操作指令,如双字传送指令 MOVD 以及双字加 1 指令 INCD。另外,在修改指针时要注意存取的数据的长度:当存取字节数据时,指针值加 1;当存取字时,指针值加 2;当存取双字时,指针值加 4。

4.2.4 S7-200 系列 PLC 的地址分配

S7-200CPU 提供的本地 I/O 具有固定的地址,用户可以将扩展模块连接到 CPU 的右侧以增加 I/O 点数。对于同种类型的 I/O 模块来说,模块的 I/O 地址取决于 I/O 类型以及模块在 I/O 链中的位置。因此,输入模块和输出模块的地址不会相互影响,模拟量模块和数字量模块的地址也不会相互影响。

数字量模块和模拟量模块分别以 8 位和 16 位的递增方式来分配映像寄存器空间,即使模块没有给每个点提供相应的物理点,那么未使用的 I/O 点也不能够分配给 I/O 链中的后续模块。

在某一个 I/O 链中,硬件配置为 CPU224 ＋ EM223(4DI/4DO)＋ EM221(8DI)＋EM235(4AI/1AO)＋EM222(8DO)＋EM235(4AI/1AO),各模块的 I/O 地址分配情况如表 4-2 所示,表中用斜体表示的地址为模块中的未用点,将无法在程序中使用。

表 4-2 I/O 地址分配

CPU224		EM223 （4DI/DO）		EM221 （8DI）	EM235 （4AI/1AO）		EM222 （8DO）	EM235 （4AI/1AO）	
I0.0	Q0.0	I2.0	Q2.0	I3.0	AIW0	AQW0	Q3.0	AIW8	AQW4
I0.1	Q0.1	I2.1	Q2.1	I3.1	AIW2	AQW2	Q3.1	AIW10	AQW6
I0.2	Q0.2	I2.2	Q2.2	I3.2	AIW4		Q3.2	AIW12	
I0.3	Q0.3	I2.3	Q2.3	I3.3	AIW6		Q3.3	AIW14	
I0.4	Q0.4	I2.4	Q2.4	I3.4			Q3.4		
I0.5	Q0.5	I2.5	Q2.5	I3.5			Q3.5		
I0.6	Q0.6	I2.6	Q2.6	I3.6			Q3.6		
I0.7	Q0.7	I2.7	Q2.7	I3.7			Q3.7		
I1.0	Q1.0								
I1.1	Q1.1								
I1.2	Q1.2								
I1.3	Q1.3								
I1.4	Q1.4								
I1.5	Q1.5								
I1.6	Q1.6								
I1.7	Q1.7								

4.3 S7-200 系列 PLC 常用指令

　　S7-200 系列 PLC 为用户提供了 IEC1131-3 指令集和 SIMATIC 指令集（S7-200 系列 PLC 专用）。在这两套指令集中，有些指令的操作数不同，如定时器指令、计数器指令、乘/除法指令等。此外，SIMATIC 指令通常执行时间较短，而有些 IEC 指令的执行时间较长，在 STEP 7-Micro/WIN 编程软件所提供的三种程序编辑器（LAD、STL 和 FBD）中均可使用 SIMATIC 指令，而只能在 LAD 和 FBD 编辑器中使用 IEC 指令。IEC 指令数比

SIMATIC 指令要少,因此可以用 SIMATIC 指令实现更多的功能。由于篇幅所限,本书将对工程实践中常用的 SIMATIC 指令进行介绍,并同时给出 LAD 和 STL 形式,有些指令的 LAD 和 FBD 有一定差异,对于这些指令还将给出 FBD。

4.3.1 移位指令

1.移位指令

移位指令分为左移位和右移位指令,根据移位数又分为字节、字和双字型三种。寄存器移位指令无字节、字和双字之分,最大长度为 $-64\sim+64$。移位指令的梯形图和语句表格式如图 4-11 所示,见表 4-3。

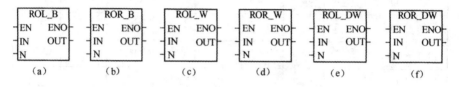

图 4-11 移位指令梯形图格式
(a)字节循环左移位;(b)字节循环右移位;(c)字循环左移位;
(d)字循环右移位;(e)双字循环左移位;(f)双字循环右移位

表 4-3 移位、循环移位和移位寄存指令表格式及功能

指令类型	语句表(STL)格式	功能	说明
移位指令	SLB OUT,N	字节左移位	将输入 IN 的字节的各位向左(右)移动 N 位送到输出字节 OUT,对移出空位补 O。移动的位数 N 最多为 8 次,超出的位次数无效。所有移位次数 N 均为字节变量
	SRB OUT,N	字节右移位	
	SLW OUT,N	字左移位	将输入 IN 的字的各位向左(右)移动 N 位送到输出字 OUT,对移出空位补 O。移动的位数 N 最多为 16 次,超出的位次数无效
	SRW OUT,N	字右移位	
	SLD OUT,N	双字左移位	将输入 IN 的双字的各位向左(右)移动 N 位送到输出双字 OUT,对移出空位补 O。移动的位数 N 最大为 32 次,超出的位次数无效
	SRD OUT,N	双字右移位	

续表

指令类型	语句表(STL)格式	功能	说明
循环移位指令	RLB　OUT,N	字节循环左移	将输入 IN 的字节数值向左(右)循环移动 N 位送到输出字节 OUT。移位次数 N 为字节变量,如果 N≥8,执行循环之前先对 N 进行模 8 操作(N 除以 8 后取余数),因此实际移位次数在 0~7 之间。如果 N 为 8 的整倍数,则不进行移位操作
	RRB　OUT,N	字节循环右移	
	RLW　OUT,N	字循环左移	将输入 IN 的字数值向左(右)循环移动 N 位送到输出字 OUT。如果 N≥16,执行循环之前先对 N 进行模 16 操作(N 除以 16 后取余数),因此实际移位次数在 0~15 之间。如果 N 为 16 的整倍数,则不进行移位操作
	RRW　OUT,N	字循环右移	
	RLD　OUT,N	双字循环左移	将输入 IN 的双字数值向左(右)循环移动 N 位送到输出双字 OUT。如果 N≥32,执行循环之前先对 N 进行模 32 操作(N 除以 32 后取余数),因此实际移位次数在 0~31 之间。如果 N 为 32 的整倍数,则不进行移位操作
	RRD　OUT,N	双字循环右移	
移位寄存器指令	SHRB DATA, S_BIT,N	移位寄存器	将 DATA 端输入数据移入移位寄存器。S_BIT 指定其最低位,N=-64~+64,N 正向移位为正,负向移位为正负

2.循环移位指令

　　循环移位指令同样分为字节、字和双字型循环右移和字节、字和双字型循环左移。其梯形图格式如图 4-12 所示。

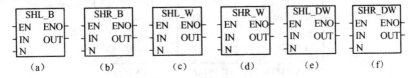

图 4-12　循环移位指令梯形图格式

(a)字节左移位;(b)字节右移位;(c)字左移位;

(d)字右移位;(e)双字左移位;(f)双字右移位

3.移位寄存指令

图4-13　移位寄存指令梯形图

移位寄存指令是为满足自动化生产需求和控制产品流的实用程序。其梯形图和语句表格式分别见图4-13和表4-3。

循环移位和移位指令分别将 ACO 循环右移 3 位和 VB20 左移 4 位的梯形图如图 4-14 所示。

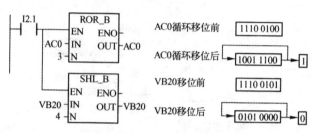

图 4-14　循环移位和移位指令应用

4.3.2　算术运算指令

数学运算指令使 PLC 从功能上达到了一般计算机的基本要求,满足了工业控制较为复杂的数学运算、数据处理等应用。

算术运算指令包括加法、减法、乘法、除法、加 1/减 1 和一些常用的数学函数指令。进行算术运算时,操作数的类型可以是整型(INT)、双整型(DINT)和实数型(REAL),见表 4-4。指令格式:LAD 和 STL 格式如图 4-15(a)所示,口处可是 I、D(STL 中)、DI(LAD 中)或 R。

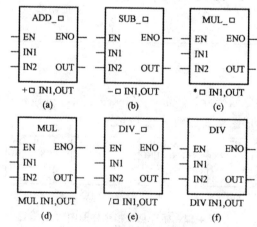

图 4-15　算术运算指令格式

(a)加法指令;(b)减法指令;(c)乘法指令;(d)完整乘法指令;(e)除法指令;(f)完整除法指令

表 4-4　算术指令操作数类型

输入/输出	操作数类型	操作数
IN1,IN2	INT	IW、QW、VW、MW、SMW、SW、T、C、LW、AC、AIW、* VD、* AC、* LD,常数
	DINT	ID、QD、VD、MD、SMD、SD、LD、AC、HC、* VD、* LD、* AC,常数
	REAL	ID、QD、VD、MD、SMD、SD、LD、AC、* VD、* LD、* AC、常数
OUT	INT	IW、QW、VW、MW、SMW、SW、T、C、LW、AC、* VD、* AC、* LD
	DINT	ID、QD、VD、MD、SMD、SD、LD、AC、* VD、* LD、* AC
	REAL	ID、QD、VD、MD、SMD、SD、LD、AC、* VD、* LD、* AC

注:①IN1、IN2 为输入操作数。

②OUT 为输出结果。

1.加法指令 ADD

加法指令是对两个带符号数 IN1 和 IN2 进行相加操作,并将产生结果输出到 OUT。它包括整数加法(＋I)、双整数加法(＋DI)和实数加法(＋R)。加法指令在梯形图中的表示如图 4-16 所示。

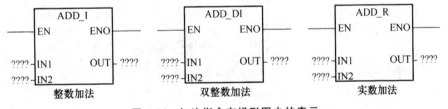

图 4-16　加法指令在梯形图中的表示

若 1N1、IN2 和 OUT 操作数的地址不同,在 STL 指令中,首先用数据传送指令将 IN1 中数据送入 OUT,然后再执行相加运算 IN2＋OUT＝OUT。若 IN2 和 OUT 操作数地址相同,在 STL 中是 IN1＋OUT＝OUT,但在 LAD 中是 IN1＋IN2＝OUT。

【例 4-1】　两个有符号数 100 和 500 相加,将其运算结果送入 AC0 中。

解:两个有符号数 100 和 500 均为 16 位的有符号数,执行相加操作如图 4-17 所示。

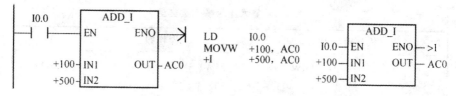

图 4-17　【例 4-1】相加运算指令

【例 4-2】 将数据存储器 VW100 中的内容加上 400 后，将其结果送入 AC0 中。

解：数值 400 为 16 位的有符号数，若 VW100 中的数值为 16 位有符号数时，应使用＋I 指令，如图 4-18 所示。

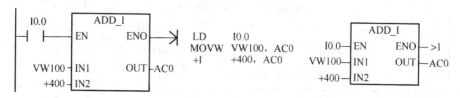

图 4-18　【例 4-2】相加运算指令

2.减法指令 SUB

减法指令是对两个带符号数 IN1 和 IN2 进行相减操作，并将产生结果输出到 OUT。同样，它包括整数减法（－I）、双整数减法（－DI）和实数减法（－R）。减法指令在梯形图中的表示如图 4-19 所示。

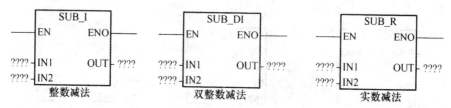

图 4-19　减法指令在梯形图中的表示

若 IN1 与 OUT 两个操作数地址相同，进行减法运算时，在 STL 中执行 OUT－IN2＝OUT，但在 LAD 中是 IN1－IN2＝OUT。

【例 4-3】 将 VW4 中的数据与 AC0 中的数据相减，将其运算结果送入 VW4 中。

解：VW4 和 AC0 中的数据若将为 16 位有符号数，应使用－I 指令。在运算前，如果 VW4 中的数据为＋1000，AC0 中的数据为＋200，则运算后 VW4 中的结果为＋800，程序如图 4-20 所示。

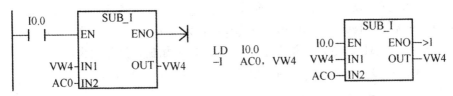

图 4-20 【例 4-3】减法运算指令

3. 乘法指令 MUL

乘法指令是对两个带符号数 IN1 和 IN2 进行相乘操作,并将产生结果输出到 OUT。同样,它包括完全整数乘法(MUL)、整数乘法(* I)、双整数乘法(* DI)和实数乘法(* R)。乘法指令在梯形图中的表示如图 4-21 所示。

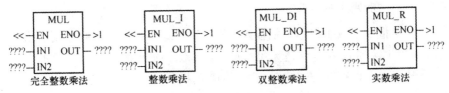

图 4-21 乘法指令在梯形图中的表示

执行乘法指令时,完全整数乘法指令 MUL 表示 2 个 16 位的有符号整数 IN1 和 1N2 相乘,产生 1 个 32 位的双整数结果 OUT,其中操作数 IN2 和 OUT 的低 16 位共用一个存储地址单元。

进行乘法运算时,若产生溢出,SM1.1 置 1,则结果不写到输出 OUT,其他状态位都清 0。

4. 除法指令 DIV

除法指令是对两个带符号数 IN1 和 IN2 进行相除操作,并将产生结果输出到 OUT。同样,它包括完全整数除法(DIV)、整数除法(/I)、双整数除法(/DI)和实数除法(/R)。除法指令在梯形图中的表示如图 4-22 所示。

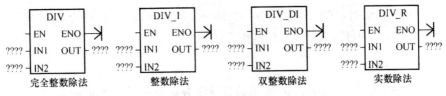

图 4-22 除法指令在梯形图中的表示

执行除法指令时,完全整数除法指令 DIV 表示 2 个 16 位的有符号整数 IN1 和 1N2 相除,产生 1 个 32 位的双整数结果 OUT。

除法操作数 IN1 和 OUT 的低 16 位共用一个存储地址单元,因此在 STL 中是 OUT/IN2=OUT,但在 LAD 中是 IN1/IN2。进行除法运算时,除数为 0,SM1.3 置 1,其他算术状态位不变,原始输入操作数也不变。

【例 4-4】 乘法和除法的应用举例,程序如图 4-23 所示。

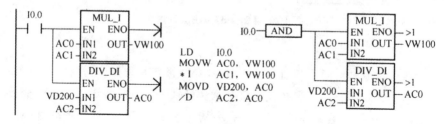

图 4-23 乘法和除法的应用举例

5.加 1 和减 1 操作指令

加 1 指令或减 1 指令是把输入 IN 加 1 或减 1,并把结果存放到输出单元(OUT),字节加减指令是无符号的,字或双字加减指令是有符号的。包括整数(±I)、双整数(±DI)和实数(±R)的操作。

指令格式:LAD 和 STL 格式如图 4-24(a)和图 4-24(b)所示,口处可是 I、D(STL 中)、DI(LAD 中)或 R。

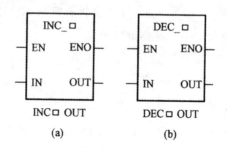

图 4-24 加 1 和减 1 指令格式

(a)加 1 指令;(b)减 1 指令

执行指令时,在 LAD 和 FBD 中 IN+1=OUT,IN-1=OUT;在 STL 中 OUT+1=OUT,OUT-1=OUT。

6.函数指令

在 S7-200 系列 PLC 中,常用的数学函数指令包括平方根函数、自然对数、自然指数、三角函数(正弦、余弦、正切)等。这些常用的数学函数指令实质是浮点数函数指令,在运算过程中,主要影响 SM1.0、SM1.1、SM1.2 标志位,其指令输入数据 IN 的寻址范围都是 VD,ID,QD,MD,SMD,SD,

LD,AC,LD,∗VD,∗AC,常数,输出数据 OUT 的寻址范围都是 VD,ID,QD,MD,SMD,SD,LD,AC,LD,∗VD,∗AC,指令格式如图 4-25 所示。

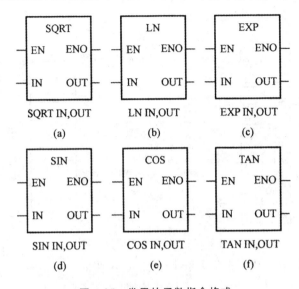

图 4-25　常用的函数指令格式

(a)平方根指令;(b)自然对数指令;(c)指数指令;

(d)正弦指令;(e)余弦指令;(f)正切指令

(1)平方根函数指令 SQRT

平方根函数指令 SQRT(Square Root)指令是将输入的 32 位正实数 IN 取平方根,产生 1 个 32 位的实数结果 OUT。

(2)自然对数指令 LN

自然对数指令 LN(Natural Logarithm)是将输入的 32 位实数 IN 取自然对数,产生 1 个 32 位的实数结果 OUT。

(3)自然指数指令 EXP

自然指数指令 EXP(Natural Exponential)是将输入的 32 位实数 IN 取以 e 为底的指数,产生 1 个 32 位的实数结果 OUT。

自然对数与自然指数指令相结合,可实现以任意数为底、任意数为指数的计算。

【例 4-5】　用 PLC 自然对数和自然指数指令实现 2 的 3 次方运算。

解:2 的 3 次方用自然对数与指数表示为 $2^3 = EXP(3 \times LN(2)) = 8$,若用 PLC 自然对数和自然数表示,则程序如图 4-26 所示。

(4)三角函数指令

在 S7-200 系列 PLC 中,三角函数指令主要包括正弦函数指令 SIN

(Sine)、余弦函数指令 COS(Cosine)、正切函数指令 TAN(Tan),这些指令分别对输入 32 位实数的弧度值取正弦、余弦或正切,产生 1 个 32 位的实数结果 OUT。

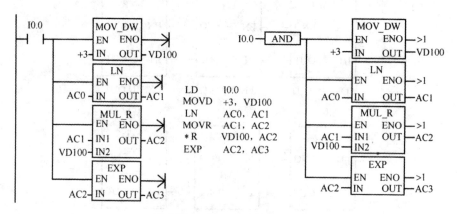

图 4-26　2 的 3 次方运算程序

【例 4-6】　用 PLC 三角函数指令求 60°正切值。

解:输入的实数为角度值,不能直接使用正切函数,应先将其转换为弧度值,程序如图 4-27 所示。

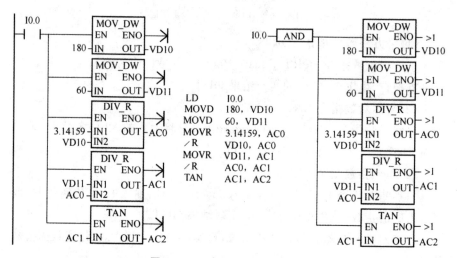

图 4-27　三角函数的应用举例

4.3.3　逻辑运算指令

逻辑运算是对无符号数进行的逻辑处理,主要包括逻辑与、逻辑或、逻辑异或和取反等运算指令。按操作数长度可分为字节、字和双字逻辑运算。

IN1、IN2、OUT 操作数的数据类型：B、W、DW。

字节四种逻辑运算指令操作数 IN1、IN2、IN 的寻址范围为 VB、IB、QB、MB、SB、SMB、LB、AC、＊VD、＊LD、＊AC 和常数。

字节四种逻辑运算指令 OUT 的寻址范围为 VB、IB、QB、MB、SB、SMB、LB、AC、＊VD、＊LD、＊AC。

字四种逻辑运算指令操作数 IN1、IN2、IN 的寻址范围为 VW、IW、QW、MW、SW、SMW、LW、T、C、AIW、AC、＊VD、＊AC、＊LD 和常数。

字四种逻辑运算指令 OUT 的寻址范围为 VW、T、C、IW、QW、SW、MW、SMW、LW、AC、＊VD、＊AC、＊LD。

双字四种逻辑运算指令操作数 IN1、IN2、IN 的寻址范围为 VD、ID、QD、MD、SD、SMD、LD、HC、AC、＊VD、＊LD、＊AC 和常数。

双字四种逻辑运算指令 OUT 的寻址范围为 VD、ID、QD、MD、SD、SMD、LD、AC、＊VD、＊LD、＊AC。

逻辑运算指令影响的特殊存储器位：SM1.0（零）。

使能流输出 ENO 断开的出错条件：0006（间接寻址）。

逻辑运算的指令格式如图 4-28 所示。

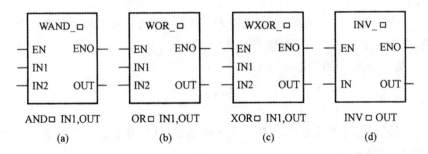

图 4-28　逻辑运算的指令格式

(a)与指令；(b)或指令；(c)异或指令；(d)取反指令

1. 逻辑与运算指令

ANDB，字节逻辑与指令。使能输入有效时，把两个字节的逻辑数按位求与，得到一个字节长的逻辑输出结果 OUT。如果两个操作数的同一位均为 1，运算结果的对应位为 1，否则为 0。

ANDW，字逻辑与指令。使能输入有效时，把两个字的逻辑数按位求与，得到一个字长的逻辑输出结果 OUT。

ANDD，双字逻辑与指令。使能输入有效时，把两个双字的逻辑数按位求与，得到一个双字长的逻辑输出结果 OUT。

指令格式：ANDB　IN1，　OUT
　　　　　　　ANDW　IN1，　OUT
　　　　　　　ANDD　IN1，　OUT

逻辑与运算的指令梯形图如图 4-29 所示，从左往右依次为字节、字、双字的梯形图示意图。

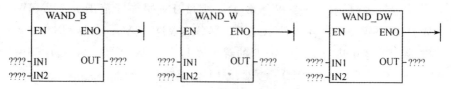

图 4-29　逻辑与运算指令的梯形图示意图

2.逻辑或运算指令

ORB，字节逻辑或指令，使能输入有效时，把两个字节的逻辑数按位求或，得到一个字节长的逻辑输出结果 OUT。两个操作数的同一位均为 0，运算结果的对应位为 0，否则为 1。

ORW，字逻辑或指令，使能输入有效时，把两个字的逻辑数按位求或，得到一个字长的逻辑输出结果 OUT。

ORD，双字逻辑或指令，使能输入有效时，把两个双字的逻辑数按位求或，得到一个双字长的逻辑输出结果 OUT。

指令格式：ORB　IN1，　OUT
　　　　　　　ORW　IN1，　OUT
　　　　　　　ORD　IN1，　OUT

逻辑或运算的指令梯形图如图 4-30 所示，从左往右依次为字节、字、双字的梯形图示意图。

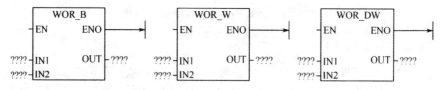

图 4-30　逻辑或运算指令梯形示意图

3.逻辑异或运算指令

XORB，字节逻辑异或指令，使能输入有效时，把两个字节的逻辑数按位求异或，得到一个字节长的逻辑输出结果 OUT。两个操作数的同一位不同，运算结果的对应位为 1，否则为 0。

XORW,字逻辑异或指令,使能输入有效时,把两个字的逻辑数按位求异或,得到一个字长的逻辑输出结果 OUT。

XORD,双字逻辑异或指令,使能输入有效时,把两个双字的逻辑数按位求异或,得到一个双字长的逻辑输出结果 OUT。

指令格式:XORB　IN1,　OUT

　　　　　XORW　IN1,　OUT

　　　　　XORD　IN1,　OUT

逻辑异或运算的指令梯形图如图 4-31 所示,从左往右依次为字节、字、双字的梯形图示意图。

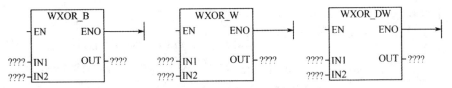

图 4-31　逻辑异或运算指令的梯形示意图

4.取反指令

INVB,字节逻辑取反指令,使能输入有效时,把一个字节的逻辑数按位求反,得到一个字节长的逻辑输出结果 OUT。

INVW,字逻辑取反指令,使能输入有效时,把一个字的逻辑数按位求反,得到一个字长的逻辑输出结果 OUT。

INVD,双字逻辑取反指令,使能输入有效时,把一个双字的逻辑数按位求反,得到一个双字长的逻辑输出结果 OUT。

指令格式:INVB　OUT

　　　　　INVW　OUT

　　　　　INVD　OUT

取反指令梯形图如图 4-32 所示,从左往右依次为字节、字、双字的梯形图示意图。

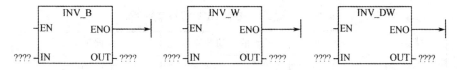

图 4-32　取反指令的梯形示意图

如图 4-33 所示为四种逻辑运算的程序实例。

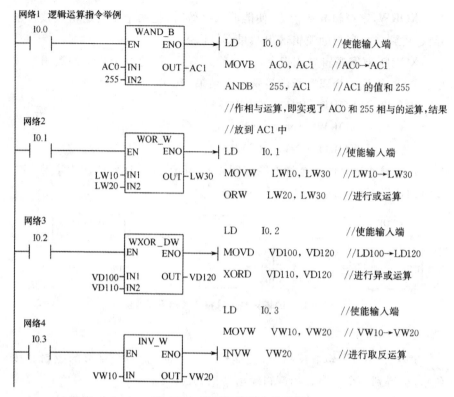

图 4-33　逻辑运算指令的示例

4.3.4　定时器和计数器指令

1.定时器指令

S7-200 系列 PLC 共有三种类型定时器:断电延时型定时器(TOF)、通电延时型定时器(TON)以及记忆型通电延时定时器(TONR)。每种定时器的分辨率(又称时间增量或时间单位)有 3 个等级:1ms、10ms 和 100ms。定时时间为分辨率与设定值的乘积。定时器分辨率和定时器编号的关系如表 4-5 所示。

表 4-5　定时器分辨率与定时器编号的关系

类型	分辨率(ms)	最大的时间范围(s)	定时器编号
	1	32.767	T0,T64
TONR	10	327.67	T1~T4,T65~T68
	100	3276.7	T5~T31,T69~T95

类型	分辨率(ms)	最大的时间范围(s)	定时器编号
	1	32.767	32,T96
TON/TOF	10	327.67	T33～T36,T97～T100
	100	3276.7	T37～T63,T101～T255

根据表 4-5 可知 TON 和 TOF 使用相同范围的定时器编号,在同一个 PLC 程序中绝不能把同一编号的定时器同时用做 TON 和 TOF。

S7-200 系列 PLC 定时器的指令格式如表 4-6 所示。

表 4-6　S7-200 系列 PLC 定时器的指令格式

LAD	STL	说明
???? IN TON ????—PT	TON　T××,PT	①TON:通电延时型定时器 ②TONR:记忆型通电延时定时器 ③TOF:断电延时型定时器 ④IN:使能输入端 ⑤指令盒上方输入定时器的编号 (T××),范围为 T0～T255; ⑥PT 是预置值输入端,最大预置 值为 32767。PT 的操作数有 IW, QW,MW,SMW,T,C,VW,SW, AC,常数,*VD,*AC 和 *LD
???? IN TONR ????—PT	TONR　T××,PT	
???? IN TOF ????—PT	TOF　T××,PT	

(1)通电延时型定时器(TON)

通电延时型定时器用于单一间隔定时。上电周期或首次扫描时,定时器位为 OFF,当前值为 0;使能输入接通时,定时器位为 OFF,当前值从 0 开始计数时间;当前值达到预设值时,定时器位为 ON,当前值连续计数到 32767;使能输入断开时,定时器自动复位,即定时器位为 OFF,当前值为 0。

TON 指令的使用、分析如图 4-34 所示。

(2)记忆型通电延时定时器(TONR)

记忆型通电延时定时器用于对许多间隔的累计定时。上电周期或首次扫描时,定时器位为 OFF,当前值保持;使能输入接通时,定时器位为 OFF,当前值从 0 开始累计计数时间;使能输入断开时,定时器位和当前值保持最后状态;使能输入再次接通时,当前值从上次的保持值继续计数;当累计当前值达到预设值时,定时器位为 ON,当前值连续计数到 32767。TONR 定时器只能用复位指令 R 进行复位操作,使当前值清零。

TONR 指令的使用、分析如图 4-35 所示。

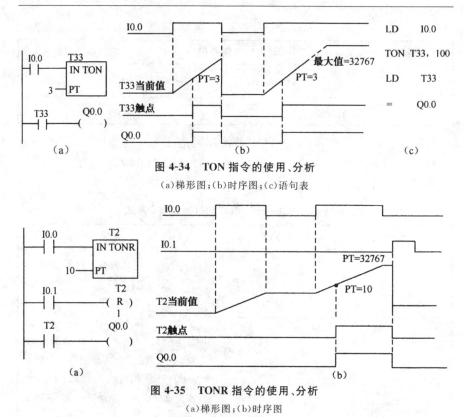

图 4-34　TON 指令的使用、分析

(a)梯形图；(b)时序图；(c)语句表

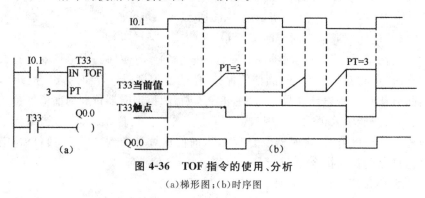

图 4-35　TONR 指令的使用、分析

(a)梯形图；(b)时序图

（3）断电延时型定时器（TOF）

断电延时型定时器用于断电后的单一间隔定时。上电周期或首次扫描时，定时器位为 OFF，当前值为 0；使能输入接通时，定时器位为 ON，当前值为 0；当使能输入由接通到断开时，定时器开始计数，当前值达到预设值时，定时器位为 OFF，当前值等于预设值，停止计数，TOF 复位后，如果使能输入再有从 ON 到 OFF 的负跳变，则可实现再次启动。

TOF 指令的使用、分析如图 4-36 所示。

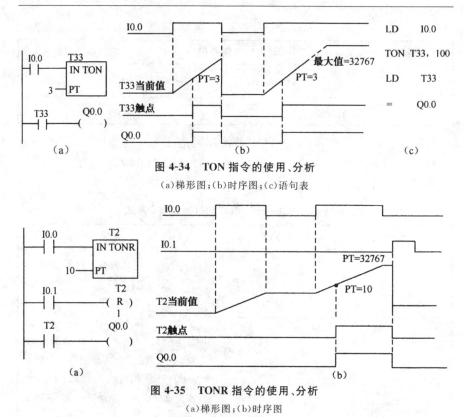

图 4-36　TOF 指令的使用、分析

(a)梯形图；(b)时序图

【例 4-7】　定时器指令应用举例,程序和时序图分别如图 4-37(a)～(c)所示。

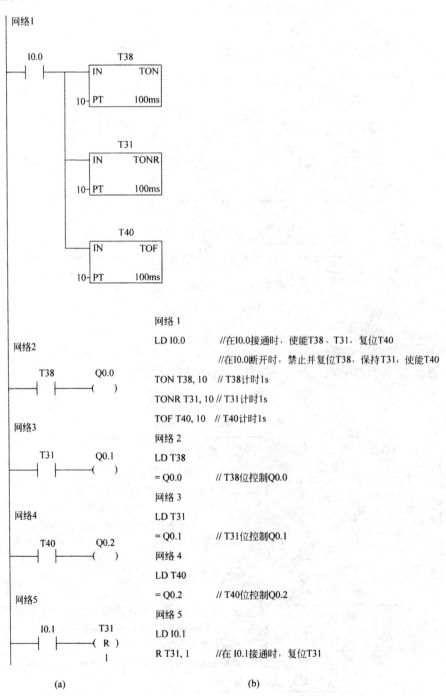

网络 1

LD I0.0　　　//在I0.0接通时，使能T38、T31，复位T40

　　　　　　　//在I0.0断开时，禁止并复位T38，保持T31，使能T40

TON T38, 10　// T38计时1s

TONR T31, 10 // T31计时1s

TOF T40, 10　// T40计时1s

网络 2

LD T38

= Q0.0　　　// T38位控制Q0.0

网络 3

LD T31

= Q0.1　　　// T31位控制Q0.1

网络 4

LD T40

= Q0.2　　　// T40位控制Q0.2

网络 5

LD I0.1

R T31, 1　　//在 I0.1接通时，复位T31

(a)　　　　　　　　　　　　　　　(b)

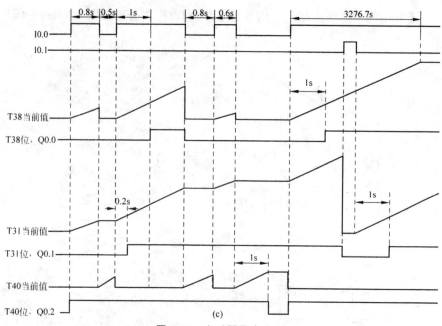

(c)

图 4-37 定时器指令应用

(a)LAD；(b)STL；(c)时序图

2.计数器指令

计数器用来累计输入脉冲的次数。S7-200 系列 PLC 共有三种类型计数器：增计数器 CTU、增减计数器 CTUD 和减计数器 CTD。

计数器指令格式如表 4-7 所示。

表 4-7 计数器指令格式

STL	LAD	指令使用说明
CTU C×××,PV	???? CU CTU R ????—PV	①在梯形图指令符号中：CU 为加计数脉冲输入端；CD 为减计数脉冲输入端；R 为加计数复位端；LD 为减计数复位端；PV 为预置值 ②C×××为计数器的编号,其范围为 C0～C255
CTD C×××,PV	???? CD CTD LD ????—PV	⑧PV 预置值最大范围为 32767；PV 的数据类型为 INT；PV 的操作数为 IW、QW、MW、SMW、VW、SW、LW、AIW、T、C、常数、AC、* VD、* AC 和 * LD
CTUD C×××,PV	???? CU CTUD CD R ????—PV	④在 STL 形式中，CU,CD,R,LD 的顺序不能错；CU,CD,R,LD 信号可为复杂逻辑关系 ⑤在一个程序中，同一个计数器编号只能使用一次 ⑥脉冲输入和复位输入同时有效时，优先执行复位操作

(1)增计数器指令(CTU)

首次扫描时,计数器位为 OFF,当前值为 0。在增计数器的计数输入端(CU)的脉冲输入的每个上升沿,计数器计数 1 次,当前值增加 1 个单位。当前值达到预设值时,计数器位为 ON,当前值继续计数到 32767 后停止计数。复位输入有效或执行复位指令时,计数器自动复位,即计数器位为 OFF,当前值为 0。

【例 4-8】 增计数器指令应用举例,程序和时序图分别如图 4-38(a)~(c)所示。

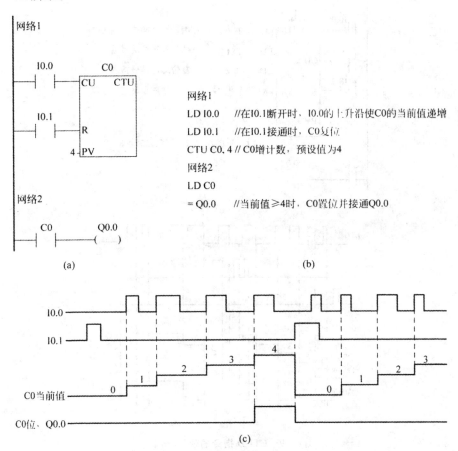

图 4-38 增计数器指令应用

(a)LAD;(b)STL;(c)时序图

(2)增减计数器指令(CTUD)

该指令有两个脉冲输入端:CU 输入端,用于递增计数;CD 输入端,用于递减计数。首次扫描时,定时器位为 OFF,当前值为 0。在 CU 输入的每个上升沿,计数器当前值增加 1 个单位;而在 CD 输入的每个上升沿,计数器当前值减小 1 个单位。当前值达到预设值时,计数器位为 ON。

增减计数器计数到 32767(最大值)后,下一个 CU 输入的上升沿将使当前值跳变为最小值(−32768);反之,当前值达到最小值(−32768)时,下一个 CD 输入的上升沿将使当前值跳变为最大值(32767)。复位输入有效或执行复位指令时,计数器自动复位,即计数器位为 OFF,当前值为 0。

CTUD 指令的使用、分析如图 4-39 所示。

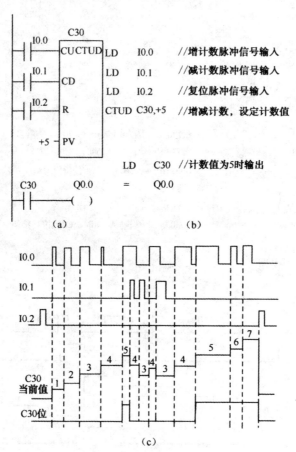

图 4-39　CTUD 指令的使用、分析
(a)梯形图;(b)语句表;(c)时序图

(3)减计数器指令(CTD)

首次扫描时,定时器位为 OFF,当前值为预设值 PV。当计数器检测到 CD 输入的每个上升沿时,计数器当前值减小 1 个单位。当前值减到 0 时,计数器位为 ON。

复位输入有效或执行复位指令时,计数器自动复位,即计数器位为 OFF,当前值复位为预设值,而不是 0。

CTD 指令的使用、分析如图 4-40 所示。

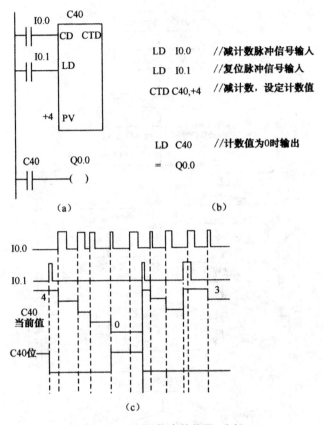

图 4-40 CTD 指令的使用、分析

(a)梯形图;(b)语句表;(c)时序图

4.4 PLC 控制系统软硬件设计及设计举例

一般地,PLC 控制系统的基本步骤如图 4-41 所示。

4.4.1 PLC 控制系统的硬件设计

随着 PLC 技术的发展,PLC 拥有的种类越来越多,可供选择的产品种类也越来越多,其功能上也存在着区别,因此价格也是不同的。因此使用者应该根据实际需求,合理的选择适合的 PLC 产品,既保证价格上最优化,又保证功能上能够达到要求,选择到适合运用的 PLC 产品具有重大的意义。

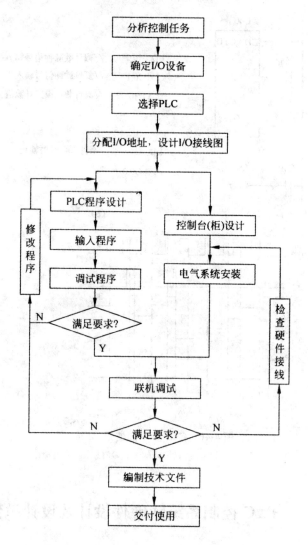

图 4-41　PLC 控制系统设计步骤

PLC 的选择主要应从 PLC 的机型、容量、I/O 模块、电源模块、控制功能模块、通信联网功能等方面加以综合考虑。

1. PLC 机型的选择

PLC 的机型选择,要根据工艺需要,所以在选择机型之前要充分了解工程的预算及工艺过程对你 PLC 的需要、特点及特征都要兼顾,还要着重考虑估算输入/输出点数,对过程中的存储量也要计算充分,尽量选择性价比较高的机型,能够使制造价格、维修费用、使用功能等都达到使用标准,使性价比达到最高。具体应考虑以下几方面。

(1)性能与任务相适应

对于小型单台、仅需要数字量控制的设备,一般的小型 PLC(如西门子公司的 S7-200 系列、OMRON 公司的 CPM1/CPM2 系列、三菱的 FX 系列等)都可以满足要求。

对于控制比较简单,模拟量小的系统,应该选择处理数据能力较强的小型 PLC(如西门子公司的 S7-200 或 S7-300 系列、OMRON 的公司的 CQ-MI/CQMIH 系列等)。

有些项目的要求会相对较高,此时对于控制系统的要求也就相对要复杂得多,对于运算和功能上相对要求就较高,此时对于 PLC 的选择,适合选用中档或高档机(如西门子公司的 S7-300 或 S7-400 系列、OMRON 的公司的 C200H@或 CV/CVMI 系列、A-B 公司的 Control Logix 系列等)。

(2)合理的结构形式

力求结构合理、安装方便、机型统一。按照物理结构,PLC 分为整体式和模块式。整体式每一 I/O 点的平均价格比模块式的便宜,且体积相对较小,对于一些小型的工艺系统比较合用,尤其是工艺过程相对稳定就更有优势。但是模块式 PLC 的功能扩展方便灵活,I/O 点数的多少、输入点数与输出点数的比例、I/O 模块的种类和块数、特殊 I/O 模块的使用等方面的选择余地都比整体式 PLC 大得多,维修时更换模块、判断故障范围也很方便。因此,对于较复杂的和要求较高的系统一般应选用模块式 PLC。

(3)安装方式的选择

根据 I/O 设备距 PLC 之间的距离和分布范围确定 PLC 系统的安装方式分为集中式、远程 I/O 式以及多台 PLC 联网的分布式。集中式不需要设置驱动远程 I/O 硬件,系统反应快、成本低;远程 I/O 式适用于大型系统,系统的装置分布范围很广,远程 I/O 可以分散安装在现场装置附近,连线短,但需要增设驱动器和远程 I/O 电源;多台 PLC 联网的分布式适用于多台设备分别独立控制,又要相互联系的场合,可以选用小型 PLC,但必须要附加通信模块。

(4)应满足响应时间的要求

PLC 是为工业自动化设计的通用控制器,由于现代 PLC 有足够高的速度处理大量的 I/O 数据和解算梯形图逻辑,因此,对于大多数应用场合来说,PLC 的响应时间并不是主要的问题,不同档次 PLC 的响应速度一般都能满足其应用范围内的需要。然而,对于某些个别的场合,则应该慎重考虑 PLC 的响应速度,要求考虑 PLC 的响应时间。为了减少 PLC 的 I/O 响应延迟时间,可以选用扫描速度高的 PLC,使用高速 I/O 处理这一类功能指令,或选用快速响应模块和中断输入模块。

(5)对联网通信功能的要求

近年来,随着工厂自动化的迅速发展,企业内小到一块温度控制仪表的 RS-485 串行通信、大到一套制造系统的以太网管理层的通信,应该说一般的电气控制产品都有了通信功能。PLC 作为工厂自动化的主要控制器件,大多数产品都具有通信联网能力。选择时应根据需要选择通信方式。

(6)PLC 机型统一性

PLC 的机型尽量保持一致,因为企业在选用机型的时候,尽可能地保持一致,相同机型的 PLC 便于安装、调换、操作,其模块之间可以相互备用,相同机型的使用技术、开发技术也是一致的,使用人员只要学会了使用其中一台机械,就可以操作其他的机械,若是机械型号不同,在操作上可能会存在其他的细微的区别,为了争取经济利益最大化,工作方便简单化,在适合生产需求的前提下,采购人员要尽量保证统一机型,使内部的机械设备可以通用,信息资源能够充分共享。同一机型 PLC 的另一个好处是,在使用上位计算机对 PLC 进行管理和控制时,通信程序的编制比较方便。这样,容易把分散的多个 PLC 连成一个可以相互信息共享的分布式体系,这样管理起来比较方便,信息沟通交流比较充分。

(7)其他特殊要求

考虑被控对象对于模拟量的闭环控制、高速计数、运动控制和人机界面(HMI)等方面的特殊要求,可以选用有相应特殊 I/O 模块的 PLC。对可靠性要求极高的系统,应考虑是否采用冗余控制系统或热备份系统。

2.电源模块及其他外围设备的选择

(1)供电电源的选择

在选择电源时,一般考虑到居民正常使用的电源电压为 220VAC 的电源,为了设备的使用方便。因此,PLC 的供电电源在设计时就要考虑到正常的用电习惯,所以一般设计选用的也是 220VAC 的电源,且供电电源一般选用的是稳定的电压电源,在使用时,无论是 PLC 自带的电源,还是由外部供应的电源,都要保证电源电压的大小符合要求,如果电压过高,对于引入的 PLC 可能会由于操作不当的原因而造成不必要的损失。

(2)编程器的选择

编程器是 PLC 的重要外部设备,是 PLC 操作人员和 PLC 之间联系的人机接口装置。它是由微处理器、控制电路、存储器、显示器、键盘及外设接口组成,一般是由 PLC 的生产厂家提供。

(3)写入器的选择

为了防止由于干扰或锂电池电压不足等原因破坏 RAM 中的用户程序,可选用 EPROM 写入器,通过它将用户程序固化在 EPROM 中。有些 PLC 或其编程器本身就具有 EPROM 写入的功能。

3. 对存储容量的选择

PLC 的容量指 I/O 点数和用户存储器的存储容量两方面的含义。在选择 PLC 型号时不应盲目追求过高的性能指标,但是在 I/O 点数和存储器容量方面除了要满足控制系统要求外,还应留有余量,以做备用或系统扩展时使用。

(1)I/O 点数的确定

PLC 的 I/O 点数的确定以系统实际的输入/输出点数为基础确定。在 I/O 点数的确定时,应留有适当余量。通常 I/O 点数可按实际需要的 10%～15%考虑余量;当 I/O 模块较多时,一般按上述比例留出备用模块。

(2)对于存储器的选择确定

要根据用户的实际需求来定,除此在外还和许多因素有关,因此在选择时,一般综合考虑各方面的因素,折中选择比较有益于整个工艺过程的。因此,在程序编制前只能粗略的估算。在仅对开关量进行控制的系统中,可以用输入总点数乘 10 字/点＋输出总点数乘 5 字/点来估算;计数器/定时器按(3～5)字/个估算;有运算处理时按(5～10)字/量估算;在有模拟量输入/输出的系统中,可以按每输入/(或输出)一路模拟量需(80～100)字的存储容量来估算;有通信处理时按每个接 E1200 字以上的数量粗略估算。最后,一般按估算容量的 50%～100%留有裕量。对缺乏经验的设计者,选择容量时留有裕量要大些。

4. I/O 模块的选择

在 PLC 控制系统中,I/O 模块占有着重要的低位,其价格一般为整个 PLC 价格的一半偏上,并且不同的 I/O 模块的结构和功能特性也有着相当大的差别,对 PLC 整体质量有着非常重要的影响,在 I/O 模块的选择上要十分留心,以保证 PLC 的质量要求过关。并且不同的信号形式,需要不同类型的 I/O 模块。对 PLC 来讲,信号形式可分为四类。

(1)数字量输入信号

生产设备或控制系统的许多状态信息,如开关、按钮、继电器的触点等,它们只有两种状态:通或断,对这类信号的拾取需要通过数字量输入模块来实现。输入模块最常见的为 24V 直流输入，还有直流 5V、12V、48V，交流 115V/220V 等。按公共端接入正负电位不同分为漏型和源型。有的 PLC 即可以源型接线，也可以漏型接线，比如 S7-200。当公共端接入负电位时，就是源型接线；接入正电位时，就是漏型接线。有的 PLC 只能接成其中一种。

（2）数字量输出信号

还有许多控制对象，如指示灯的亮和灭、电动机的启动和停止、晶闸管的通和断、阀门的打开和关闭等，对它们的控制只需通过二值逻辑"1"和"0"来实现。这种信号通过数字量输出模块去驱动。

（3）模拟量输入信号

生产过程的许多参数，如温度、压力、液位、流量都可以通过不同的检测装置转换为相应的模拟量信号，然后再将其转换为数字信号输入 PLC。完成这一任务的就是模拟量输入模块。

（4）模拟量输出信号

生产设备或过程的许多执行机构，往往要求用模拟信号来控制，而 PLC 输出的控制信号是数字量，这就要求有相应的模块将其转换为模拟量。这种模块就是模拟量输出模块。

典型模拟量模块的量程为 $-10\sim+10V$、$0\sim+10V$、$4\sim20mA$ 等，可根据实际需要选用，同时还应考虑其分辨率和转换精度等因素。一些 PLC 制造厂家还提供特殊模拟量输入模块，可用来直接接收低电平信号（如热电阻 RTD、热电偶等信号）。

此外，有些传感器如旋转编码器输出的是一连串的脉冲，并且输出的频率较高（20kHz 以上），尽管这些脉冲信号也可算作数字量，但普通数字量输入模块不能正确的检测它，应选择高速计数模块。

根据以上分析，不同的 I/O 模块对于 PLC 有着较大的影响，选择时要兼顾 PLC 的价格和使用功能，根据生产中的实际需求，做出性价比最高的选择。

5. 分配输入/输出点

PLC 机型及输入/输出（I/O）模块选择完毕后，首先，设计出 PLC 系统总体配置图。然后依据工艺布置图，参照具体的 PLC 相关说明书或手册将输入信号与输入点、输出控制信号与输出点一一对应画出 I/O 接线图即 PLC 输入/输出电气原理图。

PLC 机型选择完后输入/输出点数的多少是决定控制系统价格及设计合理性的重要因素，因此在完成同样控制功能的情况下可通过合理设计以简化输入/输出点数。

4.4.2　PLC 控制系统的软件设计

软件设计就是编写满足生产要求的梯形图或助记符程序,设计应按以下原则和步骤进行。

(1)设计控制系统流程图

根据工艺的生产要求,分析各步操作之间的逻辑关系,理清输入、输出以及每部操作的先后顺序,绘制 PLC 系统的控制的流程图,PLC 内部元件的触点可以无限次使用,绘制图形时,要清楚作图的规则,一般采用梯形图,一般是从左母线到右母线进行绘制,绘制时,要注意到操作条件和要求,尽量备注在相应的模块上,要确定各模块之间的关系。然后再对各模块内部进一步细化;画出更详细的流程图。这一步完成之后,对于整个控制系统就有了一个整体概念。

(2)编制应用程序

编制应用程序就是根据设计的程序流程图逐条地编写控制程序,这是整个程序设计工作的核心部分。

程序设计的方法是将 I/O 表中的所有输出线圈全部一次性列在梯形图的右母线上,这样可有效防止双线圈输出的错误。然后,逐一分析各个输出线圈的触发条件,将触发它的常开或常闭的输入触点连接到左母线与线圈之间。其中,需要具体分析触发的情况:属于多点共同触发的,需采用串联方式连接各触点;而当多路信号均能独立触发时,则应采用并联方式连接各触点。最后,还要根据输入触点的动作情况,适当加入"自保持"程序。

(3)应用举例

【例 4-9】　要求按时间原则实现机械手的夹紧→正转→松开→反转。机械手由气压系统驱动,将电磁阀 1YV、2YV、3YV、4YV 通电,分别控制机械手夹紧、松开、正转、反转。1YV 通电后即使断电(只要 2YV 不通电)亦能维持夹紧;同理,2YV 通电后即使断电(只要,1YV 不通电)亦能维持松开。设夹紧、松开时间各为 10s,正转、反转时间各为 15s,则机械手的工作循环如图 4-42 所示。

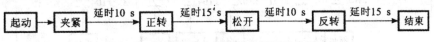

图 4-42　按时间顺序控制的机械手工作循环

由于自动循环按时间原则进行,输入端只需设起/停按钮;输出端除 1YV~4YV 的输出外,另设 4 个指示灯,以显示机械手的工作状态。I/O 端口分配如图 4-43 所示。

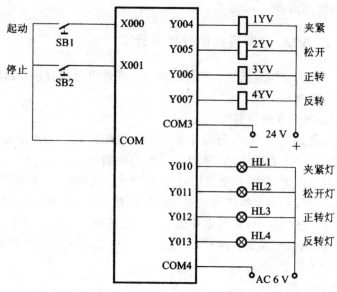

图 4-43　机械手按时间顺序控制 I/O 端口分配

定义如下继电器：

M101——记忆起动按钮状态；

T101——夹紧延时，延时时间为 10s；

T102——正转延时，延时时间为 15s；

T103——松开延时，延时时间为 10s；

T104——反转延时，延时时间为 15s。

在上述基础上，画出详细的功能流程图，如图 4-44(a)所示，然后根据流程图绘制梯形图、编写指令表。

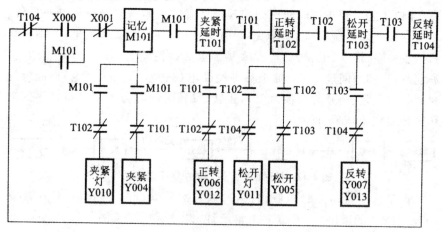

(a)

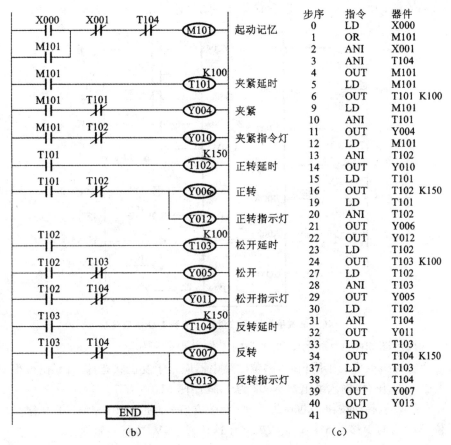

步序	指令	器件	
0	LD	X000	
1	OR	M101	
2	ANI	X001	
3	ANI	T104	
4	OUT	M101	
5	LD	M101	
6	OUT	T101	K100
9	LD	M101	
10	ANI	T101	
11	OUT	Y004	
12	LD	M101	
13	ANI	T102	
14	OUT	Y010	
15	LD	T101	
16	OUT	T102	K150
19	LD	T101	
20	ANI	T102	
21	OUT	Y006	
22	OUT	Y012	
23	LD	T102	
24	OUT	T103	K100
27	LD	T102	
28	ANI	T103	
29	OUT	Y005	
30	LD	T102	
31	ANI	T104	
32	OUT	Y011	
33	LD	T103	
34	OUT	T104	K150
37	LD	T103	
38	ANI	T104	
39	OUT	Y007	
40	OUT	Y013	
41	END		

图 4-44　机械手按时间顺序控制

(a)功能流程图;(b)梯形图;(c)指令程序

此题亦可由 M101 触点同时接通 T101~T104 四个定时器,将 T102 延时数改为 35s,T104 延时数改为 50s,这样编程可以少写三条指令。

【例 4-10】 将上例要求改为按行程控制原则,并采用移位指令实现机械手的步进控制。

解:设机械手由气压系统驱动的情况不变,并设原位行程开关为 SQ1,夹紧到位压合行程开关为 SQ2,正转到位压合行程开关为 SQ3,松开到位压合行程开关为 SQ4,则机械手的工作循环如图 4-45 所示。

图 4-45　机械手按空间位置顺序控制的工作循环

端口分配图如图 4-46 所示。由于按行程原则控制,各行程开关需要接入输入端；为了调整方便，还设有一个手动复位按钮。

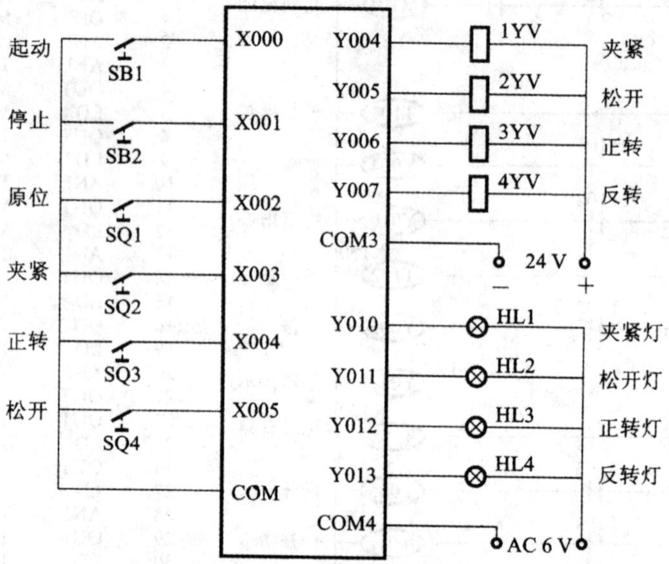

图 4-46　机械手按空间位置顺序控制 I/O 端口分配

梯形图如图 4-47 所示，机械手的工作过程分析如下。

①当机械手处于原位时，移位的继电器应处于复位状态；同时复位行程开关 SQ1 压合，输入继电器 X002 为 1，程序使 M100 置 1。

②按下起动按钮，X000 为 1，产生移位信号，使 M101～M104 左移一位，M100 的 1 移入 M101，使 Y004 为 1，接通 1YV，执行夹紧动作；Y010 为 1，夹紧指示灯 HL1 亮；M100 为 0。

③夹紧到位，SQ2 被压下，X003 为 1，产生移位信号，M100 的 0 移入 M101，使 Y004 为 0，1YV 失电，同时原 M101 的 1 移位到 M102，使 Y006 为 1，3YV 得电，执行正转动作；Y012 为 1，正转指示灯 HL3 亮；同时 M102 为 1，使 Y010 继续为 1，夹紧指示灯 HL1 继续亮；M100 为 0。

④正转到位，SQ3 被压下，X004 为 1，产生移位信号，M101 的 0 移到 M102，原 M102 的 1 移到 M103。M102 为 0，使 Y006 为 0，3YV 失电，正转指示灯 HL3 灯熄，Y010 为 0，夹紧灯 HL1 熄；M103 为 1，使 Y005 为 1，2YV 得电，执行松开动作；Y011 为 1，松开指示灯 HL2 亮；M100 为 0。

⑤松开到位，SQ4 被压下，X005 为 1，产生移位信号，M102 的 0 移位到 M103，原 M103 的 1 移位到 M104。M103 为 0，使 Y005 为 0，2YV 失电。M104 为 1，使 Y007 为 1，4YV 得电，执行反转动作；Y011 继续为 1，松开指示灯 HL2 继续亮；Y013 为 1，反转指示灯 HL4 亮；M100 为 0。

⑥当反转到原位，SQ1 被压下，X002 为 1，使 M100～M104 复位，各指

示灯熄灭,机械手处于原位。

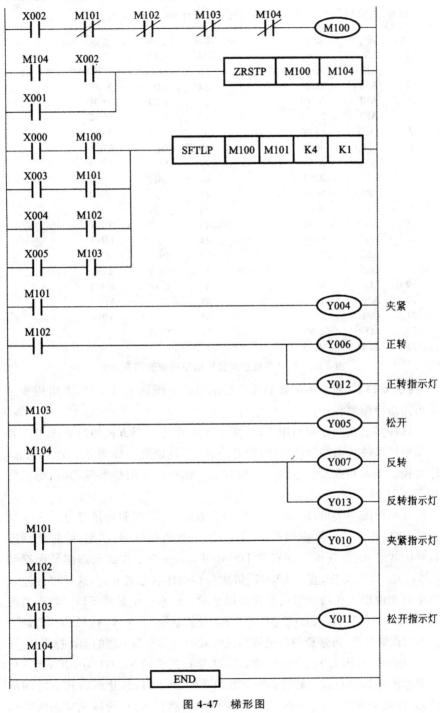

图 4-47　梯形图

若再次按下起动按钮,即可重复上述步进控制。

机械手按空间位置顺序控制的指令程序如图 4-48 所示。

步序	指令	器件		步序	指令	器件
0	LD	X002		24	ORB	
1	ANI	M101		25	SFTLP	M100 M101 K4 K1
2	ANI	M102		34	LD	M101
3	ANI	M103		35	OUT	Y004
4	ANI	M104		36	LD	M102
5	OUT	M100		37	OUT	Y006
6	LD	M104		38	OUT	Y012
7	AND	X002		39	LD	M103
8	OR	X001		40	OUT	Y005
9	ZRSTP	M100 M104		41	LD	M104
14	LD	X000		42	OUT	Y007
15	AND	M100		43	OUT	Y013
16	LD	X003		44	LD	M101
17	AND	M101		45	OR	M102
18	ORB			46	OUT	Y010
19	LD	X004		47	LD	M103
20	AND	M102		48	OR	M104
21	ORB			49	OUT	Y011
22	LD	X005		50	END	
23	AND	M103				

图 4-48　机械手按空间位置顺序控制的指令程序

【例 4-11】　机械手的控制要求及端口分配图同上例 4-10,要求用步进梯形图指令编制程序。

这种步进式顺序控制用 STL 指令来编程是相当方便的。首先根据各步输出的条件画出顺序功能图(即状态转移图)如图 4-49 所示。再根据起/停等控制要求和状态转移图,可画出如图 4-50 所示的梯形图,其指令程序如图 4-51 所示。

在梯形图中,M8047 为 STL 监控有效继电器,当驱动该继电器为 1 时进行 STL 监控。当驱动 M8047 为 1 时,正在动作(ON)状态(除报警状态以外的状态)的最新编号保存到 D8040 中,下一个动作的状态编号保存到 D8041 中,以此类推,直到 D8047,依次保存动作状态共 8 点,这样可在监视屏中自动读出正在动作的状态并加以显示。还有一个显示 STI。动作的继电器 M8046,当任意状态(除报警状态以外的状态)为 ON 时,M8046 自动为 1,监视该继电器,可避免与其他流程同时起动或用作为工序的动作标志位。

M8000 在 PLC 从 STOP→RUN 时为 1;当驱动 M8041 为 1 时,允许从初始状态开始进行状态转移;当驱动 M8040 为 1 时,禁止所有状态之间的转移,在此情况下,由于 ON 状态内的程序仍然在运行,所以该状态内的输出不会断开。

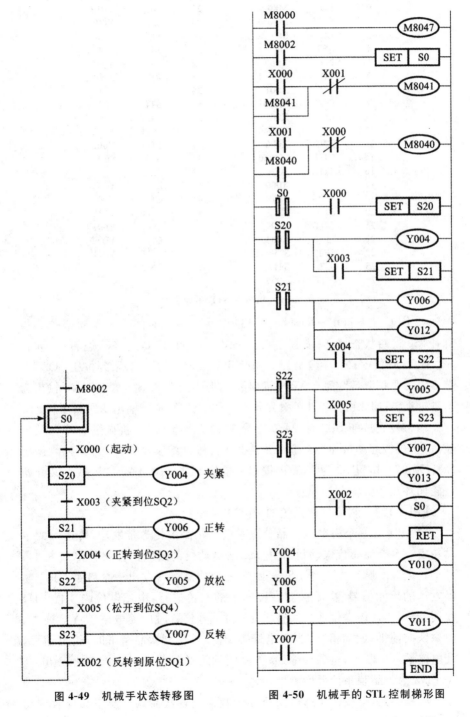

图 4-49　机械手状态转移图　　　　图 4-50　机械手的 STL 控制梯形图

步序	指令	器件	步序	指令	器件
0	LD	M8000	27	OUT	Y012
1	OUT	M8047	28	LD	X004
3	LD	M8002	29	SET	S22
4	SET	S0	31	STL	S22
6	LD	X000	32	OUT	Y005
7	OR	M8041	33	LD	X005
8	ANI	X001	34	SET	S23
9	OUT	M8041	36	STL	S23
11	LD	X001	37	OUT	Y007
12	OR	M8040	38	OUT	Y013
13	ANI	X000	39	LD	X002
14	OUT	M8040	40	SET	S0
16	STL	S0	42	RET	
17	LD	X000	43	LD	Y004
18	SET	S20	44	OR	Y006
20	STL	S20	45	OUT	Y010
21	OUT	Y004	46	LD	Y005
22	LD	X003	47	OR	Y007
23	SET	S21	48	OUT	Y011
25	STL	S21	49	END	
26	OUT	Y006			

图 4-51 机械手 STL 指令程序

在 PLC 从 STOP→RUN 时，M8002 输出一个时间为工作周期的 1 的脉冲，S0 初始状态置 1；按起动按钮 SB1，M8041 为 1，允许状态转移，并且 S20 置 1，S0 清零，Y004 输出为 1，机械手夹紧，当机械手夹紧到位压 SQ2 时，置 S21 为 1 且清 S20 为 0，Y004 输出为 0，但仍能夹紧；S21 为 1，Y006 输出为 1，进行正转；如此由行程开关触发状态之间的转移，进行输出的通断控制。

当按停止按钮 SB2 时，M8040 为 1，禁止状态转移，机械手暂停在某一位置；当再按起动按钮 SB1 时，机械手从暂停处继续动作；当返回到原位压 SQ1(X002)时，置 S0 为 1，需再按起动按钮 SB1，S20 才置 1，机械手又开始一轮循环动作。

【例 4-12】 物品分选系统的 PLC 控制。

图 4-52 为一个简单的物品分选系统。物品由传送带发送，传送带的主动轮由一台交流感应电动机 M 拖动，该电动机的通断由接触器 KM 控制；从动轮上装有脉冲发生器 LS，每发送一个物品，LS 发出一个脉冲；作为物品发送的检测信号；次品检测在传送带的 0 位进行，由光电检测装置 PH1 检测，当次品在传送带上继续往前走，到 4 号位置时应使电磁铁 YV 通电，电磁铁向前推，次品落下，当光电开关 PH2 检测到次品落下时，给出信号，让电磁铁 YV 断电，电磁铁缩回；正品则到第 9 号位置时装入箱中，光电开关 PH3 为正品装箱计数检测用。

根据题意，可以选用移位指令和计数器实现次品剔除及正品计数的功能。PLC 的 I/O 端口分配如图 4-53 所示,图 4-54 为梯形图程序。

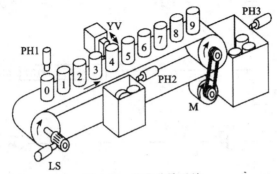

图 4-52　物品分选系统

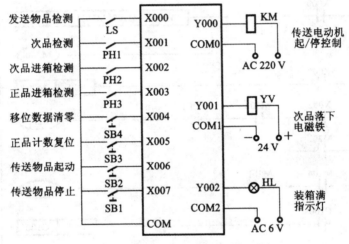

图 4-53　物品分选系统 PLC 端口分配

物品分选工作过程分析如下。

传送电动机 M 的起动按钮 SB2 接输入端 X006,停止按钮 SB1 接输入端 X007,按下 SB2,X006 为 1,使输出继电器 Y000 为 1,接通接触器 KM,电动机 M 起动运行,传送带开始发送物品。脉冲发生器 LS 的信号从 X000端输入,作为 SFTLP 指令的移位信号,当每发送一个物品时,X000 端输入一个脉冲,使移位继电器内容左移一位,光电检测器 PH1 的信号从 X001端输入,作为 M100 的数据输入信号。当检测到次品时,X001 为 1(产品合格为"0"),使 M100 为 1,之后由于移位脉冲 X000 的移位作用,使 M100 中的次品数据 1 左移.11 同时 X000 为 1,使 M200 继电器为 1,在 PLC 的下一个工作周期,M200 的常闭触点断开,使 M100 置 0。

当次品数据经 4 次左移而使 M104 为 1 时,此时次品已传送到 4 号装置,M104 为 1,使输出继电器 Y001 为 1,接通电磁铁 YV,电磁铁向前推,次

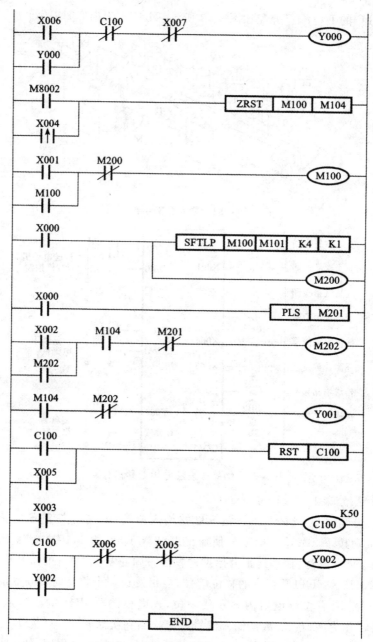

图 4-54　物品分选系统 PLC 梯形图

品落下;PH2 信号接输入端 X002,当 PH2 检测到次品落下时,X002 为 1,使 M202 为 1,从而使 Y001 为 0,YV 失电,电磁铁缩回,以免将跟在次品后的正品误作次品剔除,在下一个移位脉冲到来时,M201 输出宽度为一个工作周期的单脉冲,使 M202 继电器复位为 0,其常闭触点闭合,为下一次

Y001 为 1 做好准备。

正品装箱计数信号光电开关 PH3 接入输入端 X003,每落下一个正品,X003 端输入一个脉冲,通过计数器 C100 计数(设每箱计数值为 50),当计到规定件数时,C100 输出为 1,C100 常开触点闭合,使 Y002 为 1,指示灯 HL(或喇叭)告知装箱已满;其常闭触点断开,使 Y000 为 0,传送电动机停止运行;C100 常开触点闭合,复位计数器 C100。待工作人员拖走并放好接物品的空箱后,按下起动按钮 SB2,X006 为 1,传送电动机重新起动,同时使 Y002 复位,"装箱满?"指示灯 HL 熄灭,又继续次品剔除与正品的计数装箱工作。

M100～M104 的复位按钮 SB4(接输入端 X004)、计数器的复位按钮 SB3(接输入端 X005),供需要时使用。

相应的指令程序如图 4-55 所示。

步序	指令	器件	步序	指令	器件
0	LD	X006	32	OR	M202
1	OR	Y000	33	AND	M104
2	ANI	C100	34	ANI	M201
3	ANI	X007	35	OUT	M202
4	OUT	Y000	36	LD	M104
5	LD	M8002	37	ANI	M202
6	ORP	X004	38	OUT	Y001
8	ZRST	M100 M104	39	LD	C100
13	LD	X001	40	OR	X005
14	OR	M100	41	RST	C100
15	ANI	M200	43	LD	X003
16	OUT	M100	44	OUT	C100 K50
17	LD	X000	47	LD	C100
18	SFTLP	M100 M101 K4 K1	48	OR	Y002
27	OUT	M200	49	ANI	Y006
28	LD	X000	50	ANI	Y005
29	PLS	M201	51	OUT	Y002
31	LD	X002	52	END	

图 4-55　物品分选系统 PLC 指令程序

【例 4-13】　用 PLC 控制抢答系统。抢答比赛示意图如图 4-56 所示,控制要求如下:

①竞赛者若要抢答主持人所提问题;需抢先按下桌上的按钮。

②指示灯亮后须待主持人按下"复位"键 R 后才熄灯。

③对初中班学生优惠,SB11、SB12 中任一个按钮按下时灯 HL1 点亮;对高三班学生限制,灯 HL3 只有在 SB31 和 SB32 都按下时才亮。

④若在主持人按下"开始"键 S 后 10s 内有抢答按钮压下,则电磁铁 YC 得电,使彩球摇动,以示竞赛者得到一次幸运的机会。

图 4-56　抢答比赛示意图

PLC 的 I/O 端口分配如图 4-57 所示。

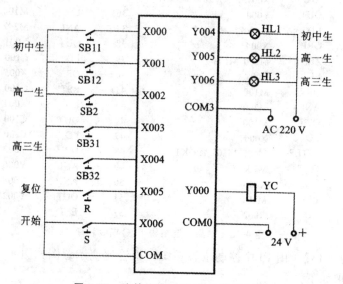

图 4-57　论答比赛系统 PLC 端口分配

根据题意,此题的控制关系用逻辑式表示比较方便。各灯点亮及电磁铁得电的逻辑关系式如下:

$$HL1 = \overline{R} \times S \times (SB11 + SB12) \times \overline{HL2} \times \overline{HL3}$$

$$HL2 = \overline{R} \times S \times SB2 \times \overline{HL1} \times \overline{HL3}$$

$$HL3 = \overline{R} \times S \times SB31 \times SB32 \times \overline{HL1} \times \overline{HL3}$$

$$YC=(HL1+HL2+HL3)\times \overline{T}(T\text{ 为计时 10s 的定时器})$$

根据逻辑关系式和 I/O 端口分配,画出梯形图如图 4-58 所示,指令程序如图 4-59 所示。

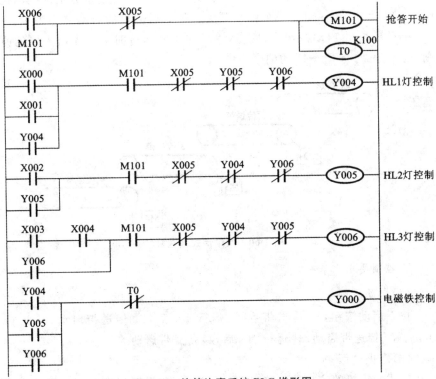

图 4-58　抢答比赛系统 PLC 梯形图

步序	指令	器件	步序	指令	器件
0	LD	X006	19	ANI	Y004
1	OR	M101	20	ANI	Y006
2	ANI	X005	21	OUT	Y005
3	OUT	M101	22	LD	X003
4	OUT	T0 K100	23	AND	X004
7	LD	X000	24	OR	Y006
8	OR	X001	25	AND	M101
9	OR	Y004	26	ANI	X005
10	AND	M101	27	ANI	Y004
11	ANI	X005	28	ANI	Y005
12	ANI	Y005	29	OUT	Y006
13	ANI	Y006	30	LD	Y004
14	OUT	Y004	31	OR	Y005
15	LD	X002	32	OR	Y006
16	OR	Y005	33	ANI	T0
17	AND	M101	34	OUT	Y000
18	ANI	X005	35	END	

图 4-59　抢答比赛系统 PLC 指令程序

4.4.3　PLC控制系统设计举例

有一个四级带式运输机,如图 4-60 所示,1#~4# 传送带分别由电动机 M1~M4 驱动,并各配置一个停止开关。带式运输机的启动顺序为 1#→2#→3#→4#,由启动按钮启动。运输机在正常运行时本着先启先停的原则,按 1#→2#→3#→4# 的顺序停止。

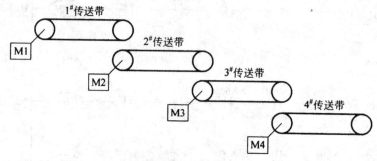

图 4-60　四级带式输送机

1.控制要求

(1)启动过程

按下启动按钮,1# 传送带启动;运行 10s 后,2# 传送带启动;2# 运行 10s 后,3# 传送带启动;3# 运行 10s 后,4# 传送带启动。

(2)停止过程

带式运输机的停止过程较启动过程复杂,并根据正常停止或异常停止而有所不同。

①正常停止过程。在带式运输机正常停止时,首先按下 1# 传送带停止按钮,1# 传送带停止运行 20s 后 2# 传送带停止运行;2# 停止 20s 后,3# 传送带停止运行;3# 停止 20s 后,4# 传送带停止运行。

②故障停止过程。

1# 传送带故障:当 1# 传送带出现故障时,1# 传送带立即停止运行,20s 后停 2# 传送带 40s 后停 3# 传送带 60s 后停 4# 传送带,以便将 1# 传送带上的物料全部运送完毕。

2# 传送带故障:当 2# 传送带出现故障时,2# 传送带停止运行,同时 1# 传送带立即停止;20s 后 3# 传送带停止运行 40s 后 4# 传送带停止运行。

3# 传送带故障:当 3# 传送带出现故障时,3# 传送带停止运行,同时 1# 和 2# 传送带立即停止 20s 后 4# 传送带停止运行。

4[#]传送带故障：当 4[#]传送带出现故障时，4[#]传送带停止运行，同时 1[#]～3[#]传送带立即停止。

当 1[#]～4[#]传送带出现故障时，将由各自的指示灯予以报警。如果按下 2[#]～4[#]传送带的停止按钮，运输机的停止过程将与 2[#]～4[#]传送带故障停止过程相同。

2. 控制系统组成

四级带式运输机控制系统共有 9 个数字量输入和 8 个数字量输出，因此选用 CPU224 模块即可满足控制要求。如果希望减少 I/O 余量，则可选用 CPU222 模块，再加一块 4DI/4DO 的 EM223 扩展模块。

3. 控制系统 I/O 地址分配

如前所述，在分配 I/O 地址时，应尽量将同类设备排在一起。由图 4-61 可以看出，在输入设备中，控制按钮 SB1～SB5 排在一起，地址分别为 I0.0～I0.4；热继电器 FR1～FR4 排在一起，地址分别为 I0.5～I1.0。而在输出设备中，接触器 KM1～KM4 排在一起，地址分别为 Q0.0～Q0.3；指示灯 HL1～HL4 排在一起，地址分别为 Q0.4～Q0.7。

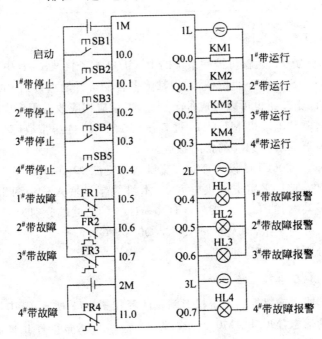

图 4-61　四级带式运输机 PLC 控制系统 I/O 接线图

四级带式运输机控制系统的 I/O 点及其地址分配如表 4-8 所示。

表 4-8　四级带式运输机 PLC 控制系统 I/O 分配表

输入信号		输出信号	
地址	功能描述	地址	功能描述
I0.0	启动按钮	Q0.0	1# 传送带运行
I0.1	1# 传送带停止按钮	Q0.1	2# 传送带运行
I0.2	2# 传送带停止按钮	Q0.2	3# 传送带运行
I0.3	3# 传送带停止按钮	Q0.3	4# 传送带运行
I0.4	4# 传送带停止按钮	Q0.4	1# 传送带故障报警
I0.5	1# 传送带故障	Q0.5	2# 传送带故障报警
I0.6	2# 传送带故障	Q0.6	3# 传送带故障报警
I0.7	3# 传送带故障	Q0.7	4# 传送带故障报警
I1.0	4# 传送带故障		

4. PLC I/O 接线图

图 4-61 为带式运输机控制系统的 PLC I/O 端子接线图,其中 SB1 为启动按钮,SB2～SB5 为停止按钮,它们都将各自的常开触点接到 PLC 的输入端。当然,停止按钮也可以接成常闭触点,但是应相应改变程序中的触点指令。系统将驱动电动机 M1～M4 过载作为 1#～4# 传送带故障信号,因此接入热继电器 FR1～FR4 的常闭触点。

每一种 S7-200CPU 模块都有直流供电和交流供电两种方式,本系统选用的 CPU224 模块采用交流供电方式,本机数字量输入分为两组,每组各共用一个公共端,即 I0.0～I0.7 和 I1.0～I1.5 的公共端分别为 1M 和 2M;数字量输出分为三组,即 Q0.0～Q0.3、Q0.4～Q0.6 和 Q0.7～Q1.1,每组的公共端分别为 1L、2L 和 3L。

5. 控制程序设计

四级带式运输机控制系统梯形图及注释如图 4-62 所示,其中,M0.0 为运输机启动标志,M0.1～M0.4 分别为 1#～4# 传送带的停止标志。该程序中使用了置位/复位指令,使程序得到简化,而且巧妙地解决了非保持型起/停按钮的自锁问题。

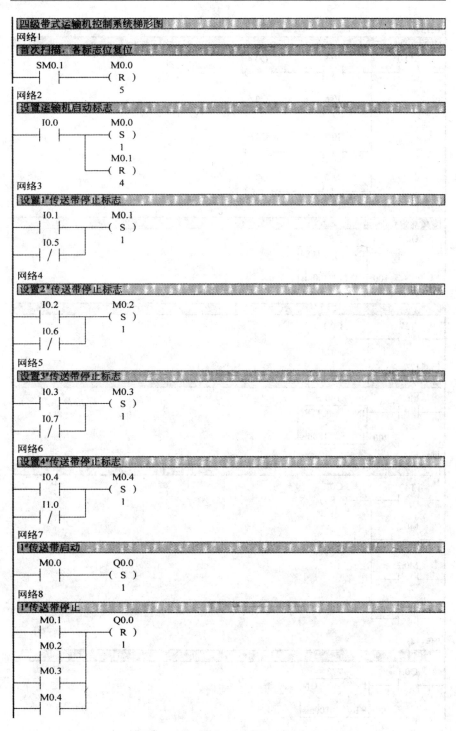

四级带式运输机控制系统梯形图

网络1

首次扫描，各标志位复位

```
   SM0.1           M0.0
  ──┤ ├──────────( R )
                    5
```

网络2

设置运输机启动标志

```
   I0.0            M0.0
  ──┤ ├──────────( S )
               │    1
               │  M0.1
               └──( R )
                    4
```

网络3

设置1#传送带停止标志

```
   I0.1            M0.1
  ──┤ ├──────────( S )
               │    1
   I0.5        │
  ──┤/├────────┘
```

网络4

设置2#传送带停止标志

```
   I0.2            M0.2
  ──┤ ├──────────( S )
               │    1
   I0.6        │
  ──┤/├────────┘
```

网络5

设置3#传送带停止标志

```
   I0.3            M0.3
  ──┤ ├──────────( S )
               │    1
   I0.7        │
  ──┤/├────────┘
```

网络6

设置4#传送带停止标志

```
   I0.4            M0.4
  ──┤ ├──────────( S )
               │    1
   I1.0        │
  ──┤/├────────┘
```

网络7

1#传送带启动

```
   M0.0            Q0.0
  ──┤ ├──────────( S )
                    1
```

网络8

1#传送带停止

```
   M0.1            Q0.0
  ──┤ ├──────────( R )
   │                1
   M0.2          │
  ──┤ ├──────────┤
   │             │
   M0.3          │
  ──┤ ├──────────┤
   │             │
   M0.4          │
  ──┤ ├──────────┘
```

图 4-62　四级带式运输机 PLC 控制程序

网络9

传送带故障报警

```
 M0.0          I0.5          Q0.4
──┤├──────────┤/├──────────( )

               I0.6          Q0.5
              ──┤/├──────────( )

               I0.7          Q0.6
              ──┤/├──────────( )

               I1.0          Q0.7
              ──┤/├──────────( )
```

网络10

2#传送带启动

```
 Q0.0            T37
──┤├────────┌─IN    TON─┐
            │            │
        100─┤PT    100ms │
            └────────────┘
```

网络11

```
 T37          Q0.1
──┤├──────────( S )
                1
```

网络12

2#传送带停止

```
 M0.1            T40
──┤├────────┌─IN    TON─┐
            │            │
        200─┤PT    100ms │
            └────────────┘
```

网络13

```
 T40          Q0.1
──┤├──────────( R )
 │              1
 M0.2
──┤├──
 │
 M0.3
──┤├──
 │
 M0.4
──┤├──
```

网络14

3#传送带启动

```
 Q0.1            T38
──┤├────────┌─IN    TON─┐
            │            │
        100─┤PT    100ms │
            └────────────┘
```

图 4-62 （续）

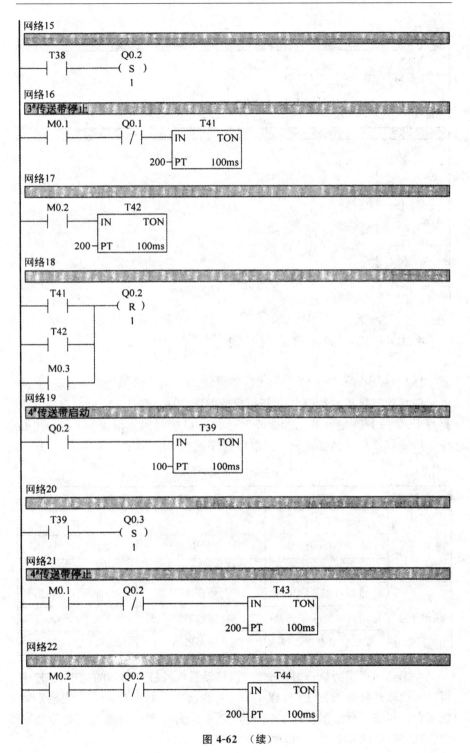

图 4-62　（续）

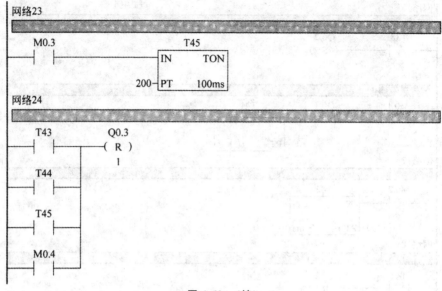

图 4-62　（续）

4.4.4　PLC 的工程应用实例

1.利用 PLC 实现三相笼型异步电动机 Y-△降压启动控制

三相笼型异步电动机 Y-△降压启动的主电路如图 4-63 所示，根据主电路得 PLC 的 I/O 地址分配如表 4-9 所示，I/O 接线图如图 4-64 所示，电路中采取了硬件机械触点互锁。梯形图程序如图 4-65 所示。

表 4-9　I/O 地址分配表

控制信号	信号名称	元件名称	元件符号	地址编码
输入信号	电动机启动信号	常开按钮	SB1	I0.0
	电动机停止信号	常开按钮	SB2	I0.1
	电动机过载保护信号	热继电器常闭触点	FR	I0.2
输出信号	电动机驱动信号	接触器	KM1	Q0.0
	电动机三角形 Y 连接	接触器	KM2	Q0.1
	电动机星形连△接	接触器	KM3	Q0.2

考虑到梯形图的执行时间非常短，接触器机械触点动作的延迟，程序中可以采用软件延时的方法，确保 KM3 主触点完全断开后，KM2 主触点才能闭合。相应的梯形图程序如图 4-66 所示。另外利用数据传送指令也可以实现降压启动控制，控制程序如图 4-67 所示。

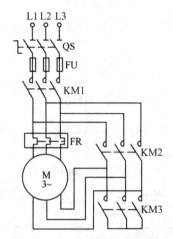

图 4-63　Y-△降压启动的主电路

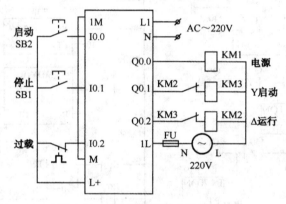

图 4-64　Y-△降压启动 I/O 接线图

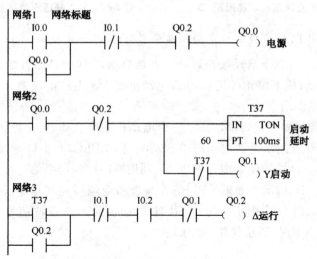

图 4-65　Y-△降压启动梯形图（一）

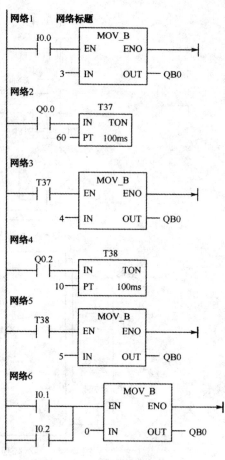

图 4-66　Y-△降压启动梯形图（二）　　图 4-67　Y-△降压启动梯形图（三）

2. 利用 PLC 实现三台电动机顺序启动、反序停止控制

控制要求：按下启动按钮后，M1 开始启动，5 秒后，M2 开始启动，15 秒后，M3 启动；按下停止按钮后，3 台电动机按 M3 先停止，5 秒 M2 停止、15 秒后 M1 停止。

根据控制要求，M1、M2、M3 三台电动机顺序启动、反序停止控制的主电路如图 4-68 所示。选用西门子 S7-200 系列 PLC，其 I/O 地址分配如表 4-10 所示，I/O 接线图如图 4-69 所示，利用顺序控制指令编写控制程序，梯形图如图 4-70 所示。如果采用 RS 触发器指令编写控制程序，梯形图如图 4-71 所示。图 4-71 中使用的是 SR 置位优先指令，当置位信号 S1 和复位信号 R 都为 1 时，置位优先，输出 1。

表 4-10　三台电机顺序启动、反序停止控制 I/O 地址分配表

控制信号	信号名称	元件名称	元件符号	地址编码
输入信号	电动机启动信号	常开按钮	SB1	I0.0
	电动机停止信号	常开按钮	SB2	I0.1
输出信号	M₁ 电动机驱动信号	接触器	KM1	Q0.0
	M₂ 电动机驱动信号	接触器	KM2	Q0.1
	M₃ 电动机驱动信号	接触器	KM3	Q0.2

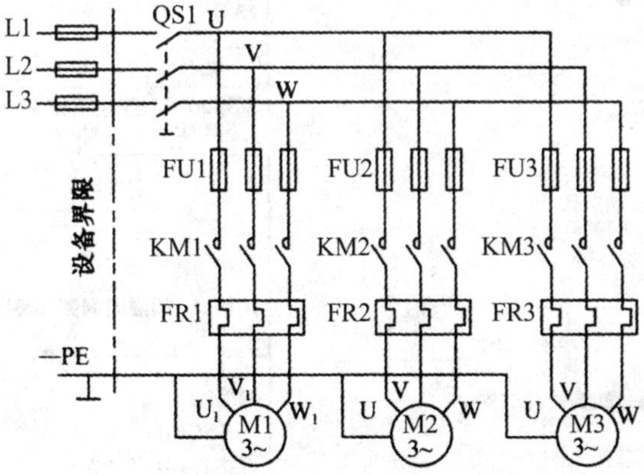

图 4-68　主电路

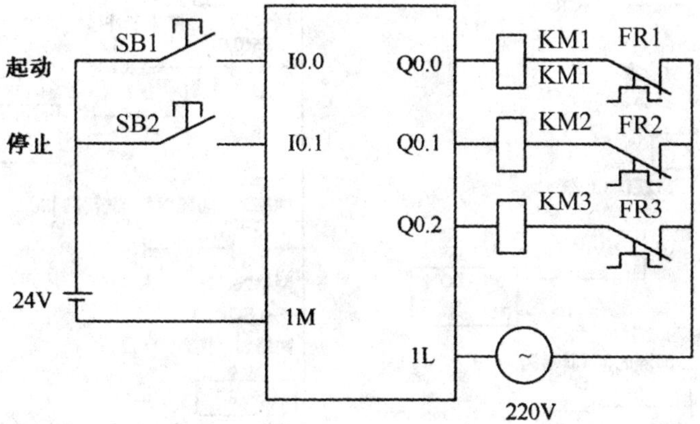

图 4-69　I/O 接线图

3.电动机堵转停车报警程序

控制要求:为防止电动机堵转时由于热保护继电器失效而损坏,特在电动机转轴上加装一联动装置随转轴一起转动。当电动机正常转动时,每转一圈(50ms)该联动装置使接近开关 K1 闭合一次,则系统正常运行。若电

动机非正常停转超过 100ms，即接近开关 K1 不闭合超过 100ms，则自动停车，同时红灯闪烁报警(2.5s 亮，1.5s 灭)。

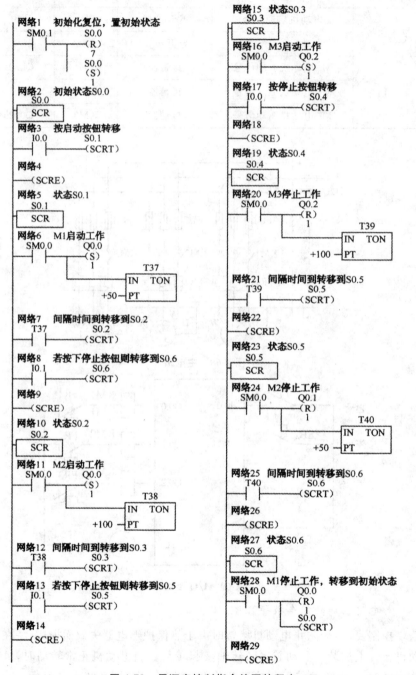

图 4-70　用顺序控制指令编写的程序

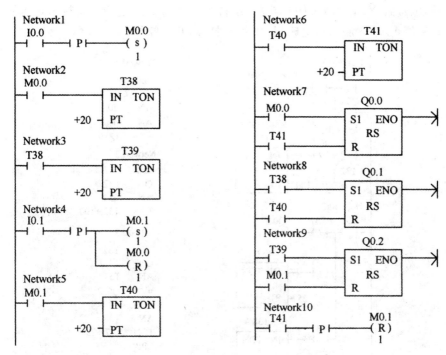

图 4-71　用置位优先指令 SR 编写的程序

　　根据控制要求可知,PLC 系统中需要一个启动信号、一个停车信号、一个检测输入信号,共计 3 个输入点;需要控制电动机运行和堵转报警信号,共计 2 个输出点。该电动机堵转停车报警控制系统选用西门子 S7-200 系列 PLC 即可,其 I/O 地址分配和控制程序分别如表 4-11 和图 4-72 所示。

表 4-11　I/O 地址分配表

控制信号	信号名称	元件名称	元件符号	地址编码
输入信号	电动机启动信号	常开按钮	SB0	I0.0
	电动机停止信号	常开按钮	SB1	I0.1
	堵转检测信号	接近开关	K1	I0.2
输出信号	电动机驱动信号	接触器	KM1	Q0.0
	堵转报警信号	指示灯	HL1	Q0.2

　　4.运料车自动装、卸料 PLC 控制系统设计

　　控制要求:

　　①某运料车如图 4-73 所示,可在 A、B 两地分别启动。运料车启动后,自动返回 A 地停止,同时,料斗门由电磁阀 Y1 控制打开,开始下料。1min

后,电磁阀 Y1 断开,关闭料斗门,运料车自动向 B 地运行。运料车到达 B 地后停止,小车底门由电磁阀 Y2 控制打开,开始卸料。

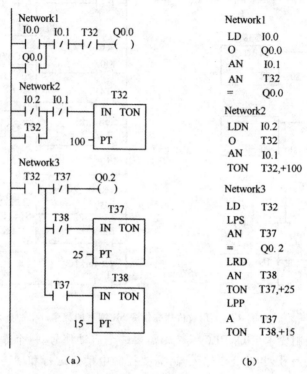

图 4-72　电动机堵转停车报警控制系统的控制程序

(a)梯形图;(b)语句表

1min 后,运料车底门关闭,开始返回 A 地。之后重复运行。

②运料车在运行过程中,可用手动开关使其停车。再次启动后,可重复步骤①中的动作。

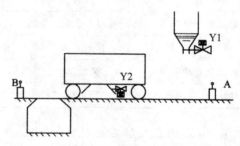

图 4-73　运料车自动装、卸料控制示意图

根据控制要求可知,PLC 系统中需要两个启动信号、两个限位信号、一个停车信号,共计 5 个输入点;需要控制电动机正反转,控制电磁阀 Y1 和

Y2,共计 4 个输出点。该运料车自动装卸料控制系统选用西门子 S7-200 系列 PLC 中的 CPU222 即可满足控制需要,其 I/O 地址分配如表 4-12 所示,I/O 接线图如图 4-74 所示,梯形图和语句表如图 4-75 所示。

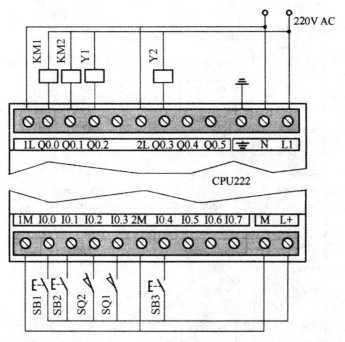

图 4-74　运料车自动装、卸料控制系统的 I/O 接线图

(a)梯形图;(b)语句表

表 4-12　I/O 地址分配表

控制信号	信号名称	元件名称	元件符号	地址编码
输入信号	B 点启动信号	常开按钮	SB1	I0.0
	A 点启动信号	常开按钮	SB2	I0.1
	A 点限位信号	限位开关	SQ2	I0.2
	B 点限位信号	限位开关	SQ1	I0.3
	停止运行信号	常开按钮	SB3	I0.4
输出信号	向 A 点前进信号	电动机正转控制接触器	KM1	Q0.0
	向 B 点前进信号	电动机反转控制接触器	KM2	Q0.1
	装料控制信号	电磁铁	Y1	Q0.2
	卸料控制信号	电磁铁	Y2	Q0.3

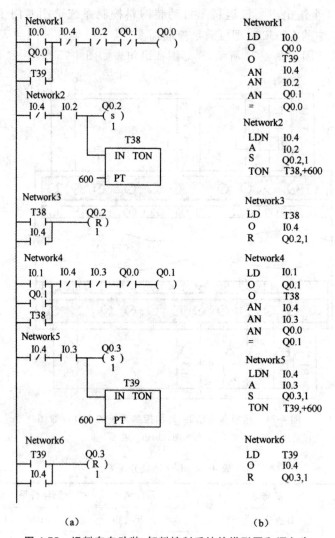

(a)   (b)

图 4-75　运料车自动装、卸料控制系统的梯形图和语句表

第5章 交直流电动机无级调速控制技术

机电设备对电动机拖动不仅需要启动、停止、制动等操作,往往还有平滑调速的要求。如金属切削机床,根据工件尺寸、材料性质、切削用量、刀具特性、加工精度等不同,需要选用不同的切削速度,以保证产品质量和提高生产效率;电梯类或其他要求稳速运行或准确停止的生产机械,要求在启动和制动时速度低或停车前降低运转速度以实现准确停止。本章将主要阐述直流电动机的调速方法、直流电动机调速控制系统和交流电动机调速控制系统,然后,分析一些简单的直流电动机调速系统。

5.1 直流电动机调速要求及方法

5.1.1 直流传动调速要求

调速是指在某一负载情况下,通过改变电动机或电源的参数使机械特性发生相应改变,从而使电动机转速变化或保持不变。直流电动机的转速公式为

$$n = (U - I_a R_a)/(K_e \Phi) \tag{5-1}$$

式中,I_a 为电枢电流,A;U 为电枢电压,V;R_a 为电枢电阻,Ω;Φ 为励磁磁通,Wb;K_e 为与电动机结构有关的电动势常数,$V/(r \cdot min^{-1})$;n 为电动机转速,r/min。

根据直流电动机的转速公式 $n = (U - I_a R_a)/(K_e \Phi)$ 可知,当电流不变时,要改变电动机的转速有以下三种方法。

(1)降压调速

减低电枢电源电压,$(U - I_a R_a)$ 的数值将会减小,因此转速 n 将会减小,转速也就降低了。

(2)电枢回路串电阻调速

根据公式可以看出,通过改变电阻值的大小,可以调整转速,增加电阻的阻值,可以使斜率变大,使转速降低。

(3)弱磁调速

减少他励电动机的励磁电流,使主磁通 Φ 减小,导致理想空载转速和

转速降都增加,在一定负载下,转速将增加。

必须注意,调速与速度变化是两个不同的概念。速度变化是指生产机械的负载转矩受到扰动时,系统将在电动机的同一条机械特性上的另一位置达到新的平衡,因而使系统的转速也随着变化。调速是在负载不变情况下,人为地改变电动机的有关参数,使电动机运行在另一条机械特性曲线上,从而使系统的转速发生相应的变化。

5.1.2 直流传动调速方法

(1)降低电枢电压调速

保持磁通和电阻为额定值,电枢电路不串入附加电阻,通过可调压直流电源调节电枢外加电压来调节转速。所得到的机械特性族称为调压调速机械特性族。当电压 U 下降时,理想空载转速 n_0 与电源电压 U 成正比地下降,而斜率 k 则与 U 无关。所以由减压调速可得到一组处于固有特性下方且平行于固有特性的人为机械特性族,如图 5-1 所示。

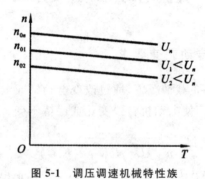

图 5-1 调压调速机械特性族

降压调速的特点如下:

①无论是高速还是低速,机械特性硬度不变,静差率小,但有所增大,调速性能稳定,故调速范围广。

②电源的电压调节是可以控制的,不用突然减小,可以平稳进行,使速度平稳下降,不会突然波动。

③通过调整电压来降低速度,其实质是改变功率,功率减小时,消耗会降低,节约成本。

④调压电源设备复杂,造价高,初始投资大。降压调速的性能较好,故广泛用于自动控制系统中。

(2)弱磁调速

弱磁调速时,保持 $U=U_N$,电枢电路不串附加电阻,通过调节励磁回路的附加电阻,减小励磁电流,使磁通下降,从而实现调速。弱磁调速的人为机械特性曲线如图 5-2 所示。

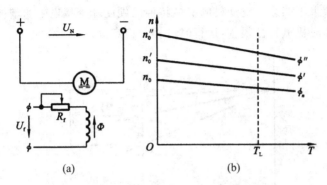

图 5-2　弱磁调速的人为机械特性曲线

(a)电路原理图；(b)弱磁调速机械特性族

在他励直流电动机的励磁回路中,串接电阻 R_f,调节电阻值,或者调节励磁电压 U_f 的大小,都可以改变磁通。由于一般直流电动机在额定励磁时磁路已接近饱和,增大励磁电流,磁通增加的效果不明显,所以都采用减小励磁的方法来改变磁通,从而改变转速,因此这种调速方法又称弱磁调速法。对应于不同励磁电流的弱磁调速机械特性族如图 5-2(b)所示。

由上述可见:这种弱磁调速法,只可使电动机的额定转速上调。但电动机的转速是有上限的,且转速越高机械特性越软。因此,这种调速法通常不单独使用,而是作为调压调速法的辅助手段。当然,对于永磁直流电动机这种调速方法不适用。

电动机的输出功率 P 与磁通无关,因此弱磁调速法是恒功率调速法。

弱磁调速的特点如下:

①弱磁调速机械特性较软,受电动机换向条件和机械强度的限制,转速变化比较平稳,幅度不大。

②调速平滑,可以实现无级调速。

③在功率较小的励磁回路中调节,能量损耗小。

④控制方便,控制设备投资少。

(3)电枢电路串电阻调速

他励电动机拖动恒转矩负载运行时,若保持电源电压及磁通为额定值不变,并在电枢回路中串入不同的电阻,则电动机可运行于不同的稳定转速上,在电枢电路串联电阻的条件下,电动机的机械特性如图 5-3 所示。电阻越大,直线越向下倾斜,是以 n_0 点为中心的放射线。

由机械特性曲线上可看出,当电动机带恒转矩负载时,随着外串电阻值的变化,稳定运行速度将随之变化,但稳定运行情况下的电枢电流始终是常数,而与外接电阻的大小无关。这种调速方法在空载或轻载时,调速范围很小,调速效果不明显。电动机的机械特性的硬度随外接电阻的增加而减小,轻载、低速时机械特性很软,运行时的相对稳定性差。

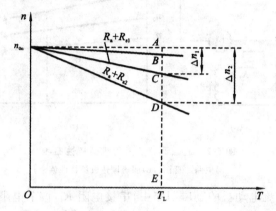

图 5-3　电枢电路串电阻调速的电动机机械特性

电枢串电阻调速的特点如下:

①串入电阻后转速只能降低,由于机械特性变软,静差率变大,特别是低速运行时,负载稍有变动,电动机转速波动就很大。

②调速的平滑性不高。

③由于电枢电流大,调速电阻消耗的能量较多,不经济。

④利用这种调速方法方便快捷易行,成本较低,投入不大,性价比比较高。

5.2　直流电动机调速控制系统

5.2.1　单闭环直流调速系统

任何调速系统若要实现较宽范围的速度调节,且不受外来干扰所产生的过大转速波动影响,必须要通过闭环系统来实现。单闭环直流调速系统根据转速与给定量之间的区别可以分成两类,由被调量负反馈组成的按比例控制的单闭环系统属于有静差自动调速系统,而按积分(或比例积分)控制的系统属于无静差调速系统。

1.有静差调速系统

(1)转速负反馈有静差调速系统

对于调速系统而言,输出量是转速,通过引入转速负反馈构成闭环调速系统,图 5-4 为转速负反馈单闭环晶闸管直流调速系统。图中,测速发电机 TG 与直流电动机同轴安装,由它引出的输出量为与转速成正比的负反馈电压 U_f。

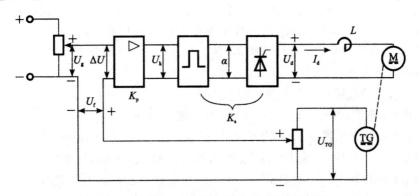

图 5-4　转速负反馈单闭环晶闸管直流调速系统

令 ΔU 为给定电压 U_g 与负反馈电压 U_f 的差值,即

$$\Delta U = U_g - U_f \tag{5-2}$$

负反馈电压 U_f 与转速 n 成正比,即 $U_f = \gamma n$,其中 γ 为转速负反馈系数,则放大器输出 U_k 为

$$U_k = K_p \Delta U = K_p (U_g - U_f) = K_p (U_g - \gamma n) \tag{5-3}$$

将触发器和可控整流器视作一个整体,令其等效放大倍数为 K_s,则空载时可控整流器的输出电压 U_d(即加到直流电动机转子上的电枢电压 U_a)可表示为

$$U_d = K_s U_k = K_s K_p (U_g - \gamma n) \tag{5-4}$$

对于电动机电枢回路,若忽略晶闸管的管压降 ΔE,则有

$$U_d = C_e n + I_d R_\Sigma = K_e \Phi n + I_d R_\Sigma = K_e \Phi n + I_d (R_x + R_a) \tag{5-5}$$

式中,I_d 为电动机工作电流;C_e 为电动机电动势常数;R_Σ 为电枢回路总电阻;R_x 为可控整流电源等效内阻(包括整流变压器和平波电抗器等的电阻);R_a 为电动机电枢电阻。

综合式(5-4)和式(5-5),可推导带转速负反馈的晶闸管有静差调速系统的机械特性方程为

$$K_s K_p (U_g - \gamma n) = C_e n + I_d R_\Sigma$$

$$\Rightarrow n = \frac{K_s K_p U_g - I_d R_\Sigma}{C_e + \gamma K_s K_p} = \frac{K_s K_p U_g - I_d R_\Sigma}{C_e \left(1 + \dfrac{\gamma K_s K_p}{C_e}\right)}$$

$$= \frac{K_s K_p U_g}{C_e \left(1 + \dfrac{\gamma K_s K_p}{C_e}\right)} - \frac{I_d R_\Sigma}{C_e \left(1 + \dfrac{\gamma K_s K_p}{C_e}\right)}$$

$$\Rightarrow n=\frac{K_0 U_g}{C_e(1+K)}+\frac{R_\Sigma}{C_e(1+K)}I_d=n_{of}-\Delta n_f \qquad (5\text{-}6)$$

转速 n 为系统闭环理想空载转速 n_{of}，与系统闭环转速降落 Δn_f 之差。式(5-6)中：$K_0=K_s K_p$ 为从放大器输入端到可控整流电路输出端的电压放大倍数，$K=(\gamma/C_e)K_s K_p$ 为闭环系统的开环放大倍数。提高开环放大倍数 K 可有效地减小静态转速降落，并扩大转速的调节范围，但 K 值过大则易引起系统不稳定。

转速负反馈有静差调速过程可描述为：在某一个规定转速下，保持给定电压 U_g 不变，令电动机空载运行($I_d\approx 0$)时的转速为 n_0。测速发电机相应电压 U_{TG} 经分压器分压后，得到反馈电压 U_f，将 U_g 与 U_f 的差值 ΔU 作为放大器的输入电压，其输出电压 U_k 作为触发器的输入电压，使可控整流装置输出整流电压 U_d 供给电动机，从而产生空载转速 n_0。当负载增加时，电动机工作电流 I_d 增大，由式(5-6)可知，电动机转速出现下降($n<n_0$)，测速发电机相应电压 U_{TG} 随之减小，反馈电压从 U_f 下降到 U_f'，相应偏差信号增加到 $\Delta U'=U_g-U_f'$。此时放大器输出电压上升到 U_k'，它使晶闸管整流器的控制角 α 减小，整流电压上升到 U'，电动机转速又回升到近似等于 n_0。在实际应用中，这种反馈系统在负载作用下转速并不能完全恢复到空载的数值，转速的偏差是必然存在的。

(2)电压负反馈与电流正反馈调速系统

转速负反馈的反馈信号直接反映为被调量的转速，虽然调速性能较好，但测速发电机结构相对比较复杂，给维护与安装带来了不便。在调速指标要求不是很高的情况下，可采用电压负反馈或电流正反馈等形式来代替转速负反馈，不仅可以简化系统的结构，还可在一定程度上降低系统的造价。

图 5-5 为带有电压负反馈的调速系统。电动机电枢两端电位器上取出的反馈电压 U_f 被加到放大器的输入端，将反馈电压 U_f 与给定电压 U_g 进行比较即构成电压负反馈闭环系统。当给定电压 U_g 为一定值时，由于干扰原因造成负载增加，电动机工作电流 I_d 随之增加，可控整流电源等效内阻 R_x 上的压降亦增加，可控整流器的输出电压 U_d 则相应减小，从而导致输出转速下降。此时反馈电压 U_f 也随之减小，使偏差电压 ΔU($\Delta U=U_g-U_f$)增加，可控整流器的输出电压 U_d 逐步回升，使转速又接近原值。

由式(5-5)可知，电枢回路总电阻 $R_\Sigma=R_x+R_a$。在图 5-5 中，可控整流电源等效内阻 R_x 处于闭环之内，电动机电枢电阻 R_a 处于闭环之外。这就使电动机电枢内阻 R_a 造成的压降并没有得到补偿，电压负反馈系统主要起到稳定电枢电压的作用，而不能像转速负反馈那样直接稳定转速。同理可知,根据电动机工作电流 I_d 的变化量可引入电流正反馈环节,起到稳定电动机工作电流的作用。一般情况下,可同时采用电流正反馈与电压负反馈。

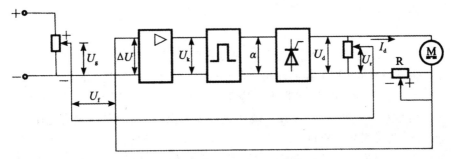

图 5-5 带有电压负反馈的调速系统

2. 无静差调速系统

有静差调速系统由于存在着速度静差,只能使转速接近给定值,而不能达到或完全等于给定值。所谓无静差调速系统,就意味着转速与给定量之间的没有偏差,也就是系统的给定量与系统内部的北条两一致。这就需要一个维持电压作为晶闸管整流装置的输入电压,以保证整流装置有正常的电压输出。根据自动控制理论,采用具有积分作用的 PI 调节器可以使系统输出误差基本消失,应用 PI 调节器构成转速负反馈即构成一个无静差调速系统。

(1)比例积分(PI)调节器

图 5-6 为比例积分(PI)调节器的结构,在运算放大器的反馈回路中,同时串入电阻和电容,就构成了 PI 调节器。

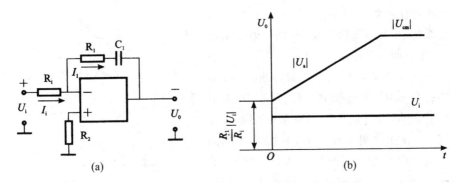

图 5-6 比例积分(PI)调节器

(a)调节器电路;(b)输出特性曲线图

由图可知:

$$U_0 = -I_1 R_1 - \frac{1}{C_1}\int I_1 \, \mathrm{d}t$$

由于 $I_1 = I_i = -\dfrac{U_i}{R_i}$，故

$$U_0 = -\frac{R_1}{R_i}U_i - \frac{1}{R_i C_1}\int U_i \, \mathrm{d}t \qquad (5\text{-}7)$$

由此可见，PI 调节器的输出由两部分组成，第一部分是比例部分，第二部分是积分部分。PI 调节器输出特性曲线如图 5-6(b)所示。当突然加入输入信号 U_i 时，电容 C_1 在开始瞬间相当于短路，反馈回路中只有电阻 R_1 起作用，此时相当于比例调节器，调节无延迟，调节速度快。随着电容 C_1 被充电，进入积分环节，U_0 逐渐增长直至达到稳态值，此时 C_1 相当于开路，极大的开环放大倍数使系统基本上达到无静差。PI 调节器综合了比例和积分调节器的特点，既能获得较高的静态精度，又能具有较快的动态响应。

（2）采用 PI 调节器的无静差调速系统

将图 5-4 转速负反馈单闭环晶闸管直流调速系统中的普通放大器替换为 PI 调节器，即构成无静差调速系统。图 5-7 为负载变化时 PI 调节器对电动机速度的调节作用图。在图 5-7(a)中，假设在 t_1 时刻，电动机负载突然由 T_{L1} 增加至 T_{L2}。由于电动机轴上转矩突然失去平衡，电动机的转速将由 n_1 开始下降而产生图 5-7(b)所示的速度降落 Δn。对应图 5-4 中与转速成正比的负反馈电压 U_f 通过测速电机反馈到 PI 调节器输入端，其输出电压由比例、积分两部分组成。

结合前述针对图 5-4 的分析，负载增加时会使电动机输出转速降低，在 PI 调节器输入端出现图 5-7(c)所示的偏差电压 ΔU_n。在比例调节作用下，可控整流输出电压增加了 ΔU_{d1}，如图 5-7(C)中曲线①所示，这个电压增量使电动机转速迅速回升。速度降落 Δn 越大，电动机转速的回升也就越快。当转速回升到原来转速 n_1 时，$\Delta n = 0$，$\Delta U = 0$，故 ΔU_{d1} 也等于零。而积分

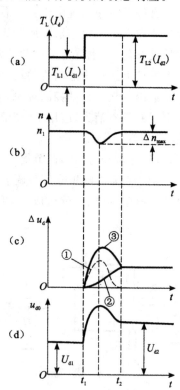

图 5-7 负载变化时 PI 调节器
对电动机速度调节作用

(a)负载变化；(b)转速变化；
(c)偏差电压变化；(d)电枢电压变化

作用产生的电压增量 ΔU_{d2}，如图 5-7(c) 中曲线②所示。ΔU_{d2} 初始增长较快，而在调节后期随着 Δn 的减小，ΔU_{d2} 的增加也减慢，直到 ΔU_n 等于零时，ΔU_{d2} 才不再继续增加，此后一直保持该值不变。

在采用 PI 调节器时，比例作用与积分作用同时起调节作用，因而两者综合作用效果如图 5-7(c) 中曲线③所示。不管负载如何变化，系统都会自动调节。在调节过程的开始和中间阶段，比例调节起主要作用，它首先阻止 Δn 的继续增大，而后使转速回升。在调节过程的后期，由于 Δn 很小，比例调节作用不明显，此时积分调节作用就上升到主要地位，依靠它来消除转速偏差 Δn，使转速回升到原值。

5.2.2　转速电流双闭环直流调速系统

1.转速负反馈调速系统的特点

采用 PI 调节器组成速度调节器的单闭环调速系统，既能得到转速的无静差调节，又能获得较快的动态响应。对于调速范围的控制，可以使调速范围扩大，能够满足厂家的生产要求，适用一般的生产机械。有些生产机械经常处于正反转工作状态(如龙门刨床、可逆轧钢机等)，为了增加生产效益，需要生产的速率更高，需要把生产的时间缩短，尽量减少生产承接的时间，减少时间的浪费，可以带来巨大的生产效益。但在启动过程中，随着转速的升高，转速负反馈的作用越来越大，使启动转矩越来越小，启动过程变慢，因此转速负反馈调速系统不能满足快速启动、停止和反向的要求。

可通过加大过渡过程中的电流即加大动态转矩来实现快速启动、停止和反向的要求，但电流不能超过晶闸管和电动机的允许值。为此，应采取一种方法，使电动机在启动过程中动态转矩保持不变，即电动机电枢电流不变，且为电动机电枢允许的最大电流，当启动结束后，使电流回到额定值。理想的启动过程中各参数的变化如图 5-8 所示。

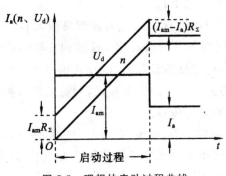

图 5-8　理想的启动过程曲线

　　根据图中的信息可知,在启动的过程中,启动电流将很快加大到允许过载能力值 I_{am},并且保持不变,在这个条件下,转速 n 得到线性增长,当升到需要的大小时,电动机的电流急剧下降到克服负载所需的电流 I_a 值。

　　U_d 为对应理想启动过程曲线所要求的可控整流器输出的电压曲线。由图可见:可控整流器的电压开始应为 $I_{am}R_\Sigma$,随着转速 n 的上升,$U_d = I_{am}R_\Sigma + C_e n$ 也上升,到达稳定转速时,$U_d = I_a R_\Sigma + C_e n$。为此应把电流作为被调量,使系统在启动过程时间内电流维持最大值 I_{am} 不变。这样,在启动过程中电流、转速、可控整流器的输出电压波形就可以接近于理想启动过程的波形,以做到在充分利用电动机过载能力的条件下获得最快的动态响应。

　　2.转速电流双闭环直流调速系统的组成

　　具有速度调节器(ST)和电流调节器(LT)的双闭环调速系统就是在上文所述要求下产生的,其结构如图 5-9 所示。

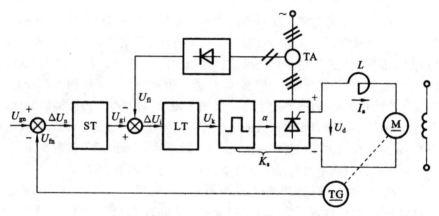

图 5-9　转速与电流双闭环调速系统方框图

　　系统采用两个调节器(一般采用 PI 调节器)分别对速度和电流两个参量进行调节,对速度进行调节的调节器为速度调节器 ST,而对电流进行调节的调节器为电流调节器 LT。

　　来自速度给定电位器的信号 U_{gn} 与速度反馈信号 U_{fn} 比较的偏差 $\Delta U_n = U_{gn} - U_{fn}$ 送到速度调节器的输入端。速度调节器的输出 U_{gi} 作为电流调节器的给定信号,与电流反馈信号 U_{fi} 比较的偏差 $\Delta U_i = U_{gi} - U_{fi}$ 送到电流调节器的输入端,电流调节器的输出 U_k 送到触发器以控制可控整流器,整流器为电动机提供直流电压 U_d。

　　从闭环反馈的结构上看,电流调节环在里面,是内环;转速调节环在外面,为外环,二者进行串联。在控制系统中,常把这种系统称为双闭环系统。

　　转速与电流双闭环调速系统的主要优点是:系统的调整性能好,有很硬的静特性,基本上无静差;动态响应快,启动时间短;系统的抗干扰能力强;两个调节器可分别设计,调整方便(先调电流环,再调速度环)。所以,它在自动调速系统中得到了广泛的应用。为了进一步改善调速系统的性能和提高系统的可靠性,还可以采用三闭环(在双闭环基础上再加一个电流变化率调节器或电压调节器)调速系统。

5.2.3　直流脉宽调制调速系统

1. 脉宽调制变换器的工作状态和电压、电流波形

(1)不可逆 PWM 变换器

如图 5-10(a)所示是简单的不可逆 PWM 变换器—直流电动机系统主电路原理图。这样的电路又称直流降压斩波器。U_s 为直流电源电压,C 为滤波电容器,VT 为功率开关器件(为 IGBT,或用其他任意一种全控型开关器件),VD 为续流二极管,M 为直流电动机。

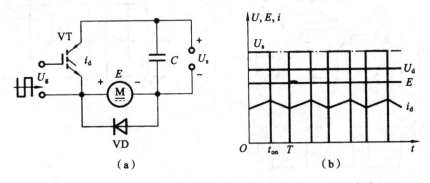

图 5-10　简单的不可逆 PWM 变换器—直流电动机系统主电路

(a)电路原理图;(b)电压、电流波形

　　VT 的控制极由脉宽可调的脉冲电压序列 U_g 驱动。在一个开关周期内,当 $0 < t < t_{on}$ 时,U_g 为正,VT 导通,电源电压通过 VT 加到电动机电枢两端 $t_{on} < t < T$ 时,U_g 为负,VT 关断,电枢失去电源,经 VD 续流。这样,电动机两端得到的平均电压为

$$U_d = \frac{t_{on}}{T} U_s = \rho U_s \tag{5-8}$$

改变占空比 $\rho(0 \leqslant \rho \leqslant 1)$ 即可调节电动机的转速。

若令 $\gamma = \dfrac{U_d}{U_s}$ 为 PWM 电压系数,则在不可逆 PWM 变换器中

$$\gamma = \rho \tag{5-9}$$

图 5-11(b)中绘出了稳态时电枢两端的电压波形 $u_d = f(t)$ 和平均电压

U_d。由于电磁惯性,电枢电流 $i_d = f(t)$ 的变化幅值比电压波形小,但仍旧是脉动的,其平均值等于负载电流 $I_{dL} = \dfrac{T_L}{C_m}$。图中还绘出了电动机的反电动势 E,由于 PWM 变换器的开关频率高,电流的脉动幅值不大,再影响到转速和反电动势,其波动就更小,一般可以忽略不计。

在简单的不可逆电路中电流 i_d 不能反向,因而没有制动能力,只能单象限运行。需要制动时,必须为反向电流提供通路,如图 5-11(a)所示的双管交替开关电路。当 VT_1 导通时,流过正向电流 i_d,VT_2 导通时,流过 $-i_d$。应注意,这个电路还是不可逆的,只能工作在第一、第二象限,因为平均电压 U_d 并没有改变极性。

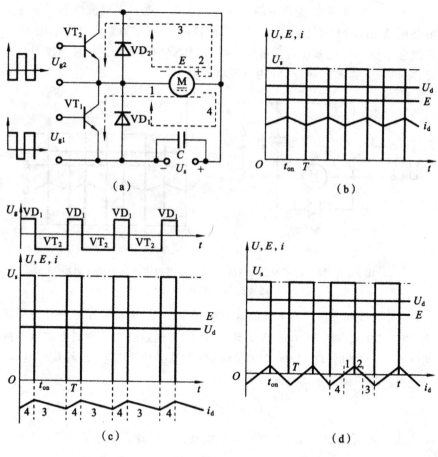

图 5-11　有制动电流通路的不可逆 PWM 变换器

(a)电路原理图;(b)一般电动状态的电压、电流波形;
(c)制动状态的电压、电流波形;(d)轻载电动状态的电流波形

图 5-11(a) 所示电路的电压和电流波形有三种不同情况, 分别如图 5-11(b)、(c)、(d) 所示。

在制动状态中, i_d 为负值, VT_2 就发挥作用了。这种情况发生在电动运行过程中需要降速的时候。这时, 先减小控制电压, 使 U_{g1} 的正脉冲变窄、负脉冲变宽, 从而使平均电枢电压 U_d 降低。但是, 由于机电惯性, 转速和反电动势还来不及变化, 因而造成 $E > U_d$, 很快使电流 i_d 反向, VD_2 截止, 在 $t_{on} < t < T$ 时, U_{g2} 变正, 于是 VT_2 导通, 反向电流沿回路 3 流通, 发生能耗制动。在 $T \leqslant t < T + t_{on}$ (即下一周期的 $0 \leqslant t < t_{on}$) 时, VT_2 关断, $-i_d$ 沿回路 4 经 VD_1 续流, 向电源回馈制动, 与此同时, VD_1 两端压降钳住 VT_1 使它不能导通。在制动状态中, VT_2 和 VD_1 轮流导通, 而 VT_1 始终是关断的, 此时的电压和电流波形如图 5-11(c) 所示。表 5-1 中归纳了不同工作状态下的导通器件和电流 i_d 的回路与方向。

表 5-1　二象限不可逆 PWM 变换器在不同工作状态下的导通器件和电流回路与方向

工作状态		0～t_{on}		t_{on}～T	
		0～t_4	t_4～t_{on}	t_{on}～t_2	t_2～T
一般电动状态	导通器件	VT_1		VD_2	
	电流回路	1		2	
	电流方向	+		+	
制动状态	导通器件	VD_1		VT_2	
	电流回路	4		3	
	电流方向	−		−	
轻载电动状态	导通器件	VD_1	VT_1	VD_2	VT_2
	电流回路	4	1	2	3
	电流方向	−	+	+	+

也存在其他情况, 即轻载电动状态, 这种状态下的电流较小, 以致在 VT_1 关断后 i_d 经 VD_2 续流时, 还没有到达周期 T, 电流已经衰减到零, 即图 5-11(d) 所示。$t_{on} \sim T$ 期间的 $t = t_2$ 时刻, 这时 VD_2 两端电压也降为零, VT_2 便提前导通了, 电流的方向与原来相反, 对原来的方向产生抑制的作用。这样, 轻载时, 电流可在正、负方向之间脉动, 平均电流等于负载电流, 一个周期分成四个阶段, 如图 5-11(d) 和表 5-1 所示。

(2) 桥式可逆 PWM 变换器

可逆 PWM 变换器有多种形式, 有些使用不多, 有些经常使用, 如桥式 (亦称 H 型) 电路, 如图 5-12 所示。

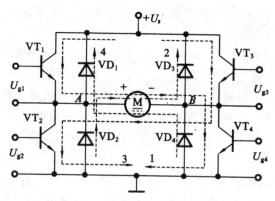

图 5-12　桥式可逆 PWM 变换器

双极式控制可逆 PWM 变换器的 4 个驱动电压波形如图 5-13 所示。在一个开关周期内，当 $0 \leqslant t < t_{on}$ 时，$U_{AB} = U_s$，电枢电流 i_d 沿回路 1 流通；当 $t_{on} \leqslant t < T$ 时，驱动电压反向，i_d 沿回路 2 经二极管续流，$U_{AB} = -U_s$。因此，U_{AB} 在一个周期内具有正、负相间的脉冲波形，这是双极式名称的由来。

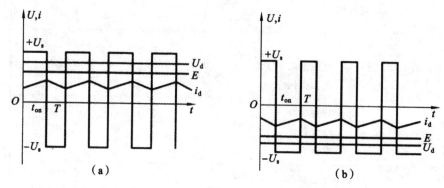

图 5-13　双极式控制可逆 PWM 变换器的驱动电压、输出电压和电流波形

(a)正向电动运行波形；(b)反向电动运行波形

图 5-13 也绘出了双极式控制时的输出电压和电流波形。正向运行时，i_d 的电流方向为正，而反向运行时，i_d 可以在正、负方向之间脉动，但平均值仍为正，等于负载电流。当正脉冲较宽时，$t_{on} > \dfrac{T}{2}$，则 U_{AB} 的平均值为正，电动机正转；当负脉冲较宽时，$t_{on} < \dfrac{T}{2}$，则 U_{AB} 的平均值为负，则电动机反转；当正、负脉冲相等时，$t_{on} = \dfrac{T}{2}$，平均输出电压为零，则电动机停止。图 5-14 所示的波形是电动机正转时的情况。

双极式控制可逆 PWM 变换器的输出平均电压为

$$U_d = \frac{t_{on}}{T} U_s - \frac{T - t_{on}}{T} U_s = \left(\frac{2t_{on}}{T} - 1 \right) U_s \qquad (5\text{-}10)$$

若占空比 ρ 和电压系数 γ 的定义与不可逆变换器中相同,则在双极式控制的可逆变换器中,有

$$\gamma = 2\rho - 1 \qquad (5\text{-}11)$$

就和不可逆变换器中的关系不一样了。

调速时,ρ 的可调范围为 $0 \sim 1$,相应地,$\gamma = -1 \sim 1$。当 $\rho > \frac{1}{2}$ 时,γ 为正,电动机正转;当 $\rho < \frac{1}{2}$ 时,γ 为负,电动机反转;当 $\rho = \frac{1}{2}$ 时,$\gamma = 0$,电动机停止。

2.直流脉宽调速系统的机械特性

对于带制动电流通路的不可逆电路,电压平衡方程式分两个阶段

$$U_s = Ri_d + L \frac{di_d}{dt} + E (0 \leqslant t < t_{on}) \qquad (5\text{-}12)$$

$$0 = Ri_d + L \frac{di_d}{dt} + E (t_{on} \leqslant t < T) \qquad (5\text{-}13)$$

式中,R 电枢电路的电阻;L 为电枢电路的电感。

对于双极式控制的可逆电路(见图 5-13),只是将式(5-13)中电源电压由 0 改为 $-U_s$,其他均不变,即

$$U_s = Ri_d + L \frac{di_d}{dt} + E \qquad (5\text{-}14)$$

$$-U_s = Ri_d + L \frac{di_d}{dt} + E \qquad (5\text{-}15)$$

按电压方程求一个周期内的平均值,即可导出机械特性方程式。无论是上述哪一种情况,电枢两端在一个周期内的平均电压都是 $U_d = \gamma U_s$,只是 γ 与占空比 ρ 的关系不同。平均电流和转矩分别用 I_d 和 T_e 表示,平均转速 $n = \frac{E}{C_e}$,而电枢电感压降 $L \frac{di_d}{dt}$ 的平均值在稳态时应为零。于是,无论是上述哪一组电压方程,其平均值方程都可写成

$$\gamma U_s = RI_d + E = RI_d + C_e n \qquad (5\text{-}16)$$

则机械特性方程式为

$$n = \frac{\gamma U_s}{C_e} - \frac{R}{C_e} I_d = n_0 - \frac{R}{C_e} I_d \qquad (5\text{-}17)$$

或用转矩表示为

$$n = \frac{\gamma U_s}{C_e} - \frac{R}{C_e C_m} T_e = n_0 - \frac{R}{C_e C_m} T_e \qquad (5\text{-}18)$$

式中，C_m 为电动机在额定磁通下的转矩系数，$C_m = C_m\Phi_N$；n_0 为理想空载转速，与电压系数 γ 成正比，$n_0 = -\dfrac{\gamma U_s}{C_e}$。

如图 5-14 所示为第一、第二象限的机械特性，它适用于带制动作用的不可逆电路。双极式控制可逆电路的机械特性与此相仿，只是扩展到第三、第四象限了。对于电动机在同一方向旋转时电流不能反向的电路，轻载时会出现电流断续现象，把平均电压抬高，在理想空载时，$I_d = 0$，理想空载转速会翘到 $n_{0s} = \dfrac{U_s}{C_e}$。

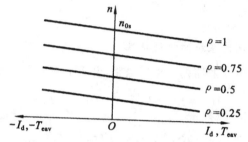

图 5-14 脉宽调速系统的机械特性（电流连续时）

3. PWM 控制与变换器的数学模型

无论哪一种 PWM 变换器电路，其驱动电压都由 PWM 控制器发出，PWM 控制器可以是模拟式的，也可以是数字式的。图 5-15 所示为 PWM 控制器和变换器的框图。

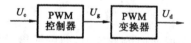

图 5-15　PWM 控制与变换器框图

图中：U_d 为 PWM 变换器输出的直流平均电压；U_c 为 PWM 控制器的控制电压；U_g 为 PWM 控制器输出到主电路开关器件的驱动电压。

PWM 控制与变换器的动态数学模型和晶闸管触发与整流装置基本一致。通过上面的分析，当控制电压 U_c 改变时，PWM 变换器输出平均电压 U_d 按线性规律变化，但其响应会有延迟，最大的时延是一个开关周期 T。因此，PWM 控制与变换器（简称 PWM 装置）也可以看成是一个滞后环节，其传递函数可以写成

$$W_s(s) = \frac{U_d(s)}{U_c(s)} = K_s e^{-T_s s} \tag{5-19}$$

式中，K_s 为 PWM 装置的放大系数；T_s 装置的延迟时间，$T_s < T$。

由于 PWM 装置的数学模型与晶闸管装置一致，在控制系统中的作用

也一样,因此 $W_s(s)$,K_s 和 T_s 都采用同样的符号。

当开关频率为 10kHz 时,$T=0.1\mathrm{ms}$,在一般的电力传动自动控制系统中,时间常数这么小的滞后环节可以近似看成一个一阶惯性环节,因此

$$W_s(s)=\frac{K_s}{T_s s+1} \tag{5-20}$$

该式与晶闸管装置传递函数完全一致。

5.2.4　电动机直流传动控制系统稳态分析

稳态参数计算是自动控制系统设计的第一步,它决定了控制系统的基本构成环节,称为原始系统。有了原始系统之后,再通过动态参数设计,就可使系统臻于完善。

【例 5-1】　用线性集成电路运算放大器作为电压放大器的转速负反馈闭环控制有静差直流调速系统如图 5-16 所示,主电路是由晶闸管可控整流器供电的 V-M 系统。已知数据如下:

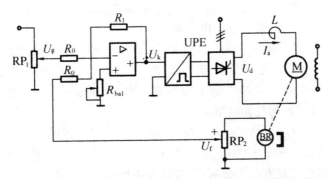

图 5-16　转速负反馈闭环控制有静差直流调速系统原理图

电动机的额定数据为:10kW,220V,55A,1000r/min,电枢电阻;$R_a=0.5\Omega$。

晶闸管触发整流装置:三相桥式可控整流电路,整流变压器 Y/Y 连接,二次线电压 $U_{21}=230\mathrm{V}$,电压放大系数 $K_s=44$;

V-M 系统电枢回路总电阻 $R=1.0\Omega$;

测速发电机:永磁式,额定数据为 23.1W,110V,0.21A,1900r/min;

直流稳态电源±15V。

若生产机械要求调速范围 $D=10$,静率 $S\leqslant5\%$,试计算调速系统的稳态参数(暂不考虑电动机的启动问题)。

解:(1)为满足调速系统的稳态性能指标,额定负载时的稳态速降应为

$$\Delta n_f=\frac{n_N S}{D(S-1)}\leqslant\frac{1000\times0.05}{10\times(1-0.05)}\mathrm{r/min}=5.26\mathrm{r/min}$$

（2）求闭环系统应有的开环放大系数。先计算电动机的电动势系数

$$C_e = \frac{U_N - I_N R_a}{n_N} = \frac{220 - 55 \times 0.5}{1000} \text{V} \cdot \text{min/r} = 0.1925 \text{V} \cdot \text{min/r}$$

则开环系统额定速降为

$$\Delta n_K = \frac{I_N R}{C_e} = \frac{55 \times 1.0}{0.1925} \text{r/min} = 285.7 \text{r/min}$$

闭环系统的开环放大系数应为

$$K = \frac{\Delta n_K}{\Delta n_f} - 1 \geqslant \frac{285.7}{5.26} - 1 = 54.3 - 1 = 53.3$$

（3）计算转速反馈环节的反馈系数和参数。转速反馈系数 α 包含测速发电机的电动势系数 C_{eBR} 和其输出电位器 RP_2 的分压系数 α_2，即

$$\alpha = \alpha_2 C_{eBR}$$

根据测速发电机的额定数据，有

$$C_{etg} = \frac{110\text{V}}{1900\text{r/min}} = 0.0579 \text{V} \cdot \text{min/r}$$

试取 $\alpha_2 = 0.2$。如测速发电机与主电动机直接连接，则在电动机最高速转 1000r/min 时，转速反馈电压为

$$U_f = \alpha_2 C_{eBR} \times 1000\text{r/min} = (0.2 \times 0.0579 \times 1000)\text{V} = 11.58\text{V}$$

稳态时 ΔU 很小，U_g 只要略大于 U_f 即可。现有直流稳态电源为 $\pm 15\text{V}$，完全能够满足给定电压的需要。因此，取 $\alpha_2 = 0.2$ 是正确的。于是，转速反馈系数的计算结果是

$$\alpha = \alpha_2 C_{eBR} = 0.2 \times 0.0579 \text{V} \cdot \text{min/r} = 0.01158 \text{V} \cdot \text{min/r}$$

电位器 RP_2 的选择方法如下：为了使测速发电机的电枢压降对转速检测信号的线性度没有显著影响，取测速发电机输出最高电压时，其电流约为额定值的 20%，则

$$R_{RP_2} \approx \frac{C_{eBR} n_N}{0.2 I_{NBR}} = \frac{0.0579 \times 1000}{0.2 \times 0.21} \Omega = 1379 \Omega$$

此时 RP_2 所消耗的功率为

$$W_{RP_2} = C_{eBR} n_N \times 0.2 I_{NBR} = (0.0579 \times 1000 \times 0.21)\text{W} = 2.43\text{W}$$

为了不致使电位器温度很高，实选电位器的瓦数应为所消耗功率的一倍以上，故可将 RP_2 选为 10W，1.5KΩ 的可调电位器。

（4）计算运算放大器的放大系数和参数。根据调速指标要求，前已求出闭环系统的开环放大系数应为 $K \geqslant 53.3$，则运算放大器的放大系数 K_p 应为

$$K_p = \frac{K}{\dfrac{\alpha K_s}{C_e}} \geqslant \frac{53.3}{\dfrac{0.1158 \times 44}{0.1925}} = 20.14$$

实取 $K_p = 21$。

图 5-16 中运算放大器的参数计算如下：根据所用运算放大器的型号，取 $R_0 = 40K\Omega$，则 $R_1 = K_p R_0 = 21 \times 40K\Omega = 840K\Omega$。

关于动态参数设计等后续相关内容已超出本书范围，请参见有关运动控制系统书籍。

5.3　交流电动机调速控制系统

5.3.1　简易调速系统

1.变极调速

采用变极调速方式的电动机通常具有多种结构的绕组，通过改变绕组磁极对数即可实现调速的目的，通常有双速、三速、四速电动机。

2.转子串电阻调速

对于绕线转子感应电动机，转子串电阻调速的连接方式如图 5-17 所示，它是利用改变消耗于转子外串电阻中的功率来改变转差率，从而达到调速的目的。图 5-17 中，若三个接触器主触点都不闭合，可获转速 n_0；首先闭合交流接触器 KM1 主触点，电阻 R_1 被短接，可获转速 n_1；再闭合交流接触器 KM2 主触点，电阻 R_2 被短接，可获转速 n_2；最后闭合交流接触器 KM3 主触点，电阻 R_3 被短接，可获转速 n_3。显然，转速 $n_0 < n_1 < n_2 < n_3$。

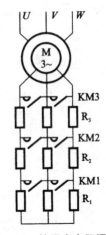

图 5-17　转子串电阻调速

转差率、转速及电磁转矩之间的关系分析如下。

已知由磁转矩 M 与转差率 S 的关系式为

$$M = \frac{3pU_1^2 \dfrac{r_2'}{S}}{2\pi f_1 \left[(r_1 + r_2'/S)^2 + (X_1 + X_{20}')^2 \right]} \tag{5-21}$$

式中，U_1 为定子绕组每相端电压；r_1 为定子绕组电阻；r_2' 为折合到定子侧的转子终组电阻；X_1 为定子漏感抗；X_{20}' 为折合到定子侧的转子漏感抗；f 为三相交流电源频率；p 为定子绕组磁极对数；S 为转差率。

M-S 曲线转折点 S_k 称为临界转差率，对应转矩称为最大转矩 M_m。对

上式求导,并令$\dfrac{\mathrm{d}M}{\mathrm{d}S}=0$,可得

$$S_{k}=\frac{r'}{\sqrt{r_1^2+(X_1+X'_{20})^2}} \qquad (5\text{-}22)$$

将S_k代入式(5-21),得

$$M_{m}=\frac{\dfrac{3}{2}pU_1^2}{2\pi f_1\left[r_1+\sqrt{r_1^2+(X_1+X'_{20})^2}\right]} \qquad (5\text{-}23)$$

可以看出,改变折合后的转子绕组电阻r'_2即可改变临界转差率S_k,而最大转矩M_m保持不变。此时转速n的机械特性曲线如图5-18所示。由于串联电阻消耗功率,因而调速效率较低,这种调速方法适用于固定负载M_{Fz}或负载变化不大的场合。当负载较重时,小范围改变串联电阻阻值即可;当负载较轻时,则需大范围改变串联电阻阻值;当负载过轻时,则不能采用这种调速方法。

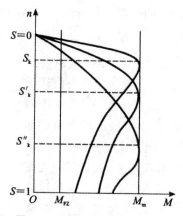

图 5-18 串电阻机械特性曲线

转子串电阻调速具有两个主要特征:一是这种调速方法的效率随调速范围的增大而降低,当通过增大转子回路电阻值以增大转差功率来降低转速时,增加的转差功率全部被转化为热能而消耗掉;二是这种调速方法只能实现有级调速,原因在于电动机转子回路附加电阻的级数有限。对于大一中容量的绕线转子异步电动机,若长期在低速下运转,不宜采用这种低效、耗能的调速方法。

在调速性能要求较高的场合,对于绕线转子感应电动机,通常采用调速效率较高的串级调速方式。串级调速方式的特点是:将相当于转子串电阻调速中消耗的功率转变为机械功率送回到电动机轴上,或者将这部分功率送回交流电网再加以利用。

5.3.2　串级调速

1.串级调速的原理

将三相交流异步电动机的定子绕组接电网,转子绕组经调速装置接电网,通过在转子回路中引入幅值可调的交流附加电势 E_f 来改变转差率 S 以实现调速,其原理分析如下。

当三相交流异步电动机加上交流电压以后,将会产生一个旋转磁场,并在转子绕组中产生感应电势 E_2 和感应电流 I_2,两者相互作用产生转矩 T,

$$T = C_M \Phi I_2 \cos\varphi_2 = \frac{C_M \Phi I_2 R_2}{\sqrt{R_2^2 + X_2^2}} \tag{5-24}$$

式中, C_M 为转矩常数; Φ 为气隙中磁通量; $\cos\varphi_2$ 为转子电路功率因数; R_2 为转子绕组每相电阻; X_2 为转子漏感抗。

假设电动机转子不转动时产生的感应电势为 E_{20},相应的转子漏感抗为 X_{20},当电动机以转差率 S 旋转起来后,有 $E_2 = SE_{20}$, $X_2 = SX_{20}$ 则转子电流 I_2 可表示为

$$I_2 = \frac{E_2}{\sqrt{R_2^2 + X_2^2}} = \frac{SE_{20}}{\sqrt{R_2^2 + (SX_{20})^2}} \tag{5-25}$$

当电动机负载转矩为恒定值时,可以认为转子电流 I_2 也为恒定值。当转子电路中引入一个交流附加电势 E_f 与转子电势 E_2 ($E_2 = SE_{20}$)串联,两者具有相同频率,而相位相同或相反,此时转子电流 I_2 可表示为

$$I_2 = \frac{SE_{20} \pm E_f}{\sqrt{R_2^2 + (SX_{20})^2}} \approx 常数 \tag{5-26}$$

由于电动机正常运行时 S 值很小, $R_2 \gg SX_{20}$,因此 SX_{20} 可忽略,则

$$SE_{20} \pm E_f \approx 常数 \tag{5-27}$$

由于感应电势 E_{20} 是电动机的一个常数,那么改变交流附加电势 E_f 就可以改变转差率 S ,从而实现调速。

若交流附加电势 E_f 与转子电势 SE_{20} 的相位相同,则有 $SE_{20} + E_f \approx 常$ 数。当 E_f 减小时,转差率 S 增大,电动机转速降低;当 E_f 增加时,转差率 S 减小,电动机转速上升;当 E_f 达到某一数值时,转差率 S 将等于零,电动机的转速达到同步速度;当 E_f 进一步增加时,转差率 S 变为负值,此时电动机的转速将超过同步转速,称之为超同步串级调速。

若交流附加电势 E_f 与转子电势 SE_{20} 的相位相反,有 $SE_{20} - E_f \approx 常数$ 。当 E_f 增加时,转差率 S 增加,电动机转速降低;当 E_f 减小时,转差率 S 也将减小,电动机转速上升;当 $E_f = 0$ 时,电动机转速为最高,即为固有机械特性

所确定的转速。因而,当 E_f 从 0 开始逐渐增大,电动机则从最高转速开始逐渐下降,得到低于同步转速的速度,称之为低同步串级调速。

为了简化串级调速系统,实际应用中通常将转子交流附加电势先整流为直流电压,再与一个可控的直流附加电压进行比较,通过改变直流附加电压的幅值来调节电动机的转速。该调速方法将交流可变频率的问题转化为与频率无关的直流问题,因而简化了分析与控制。通常所谓的串级调速系统,若不特别指出,一般是指低同步串级调速系统。

2. 串级调速的分类

串级调速的分类如下。

$$串级调速 \begin{cases} 机械串级调速 \\ 电气串级调速 \end{cases}$$

(1)机械串级调速系统

图 5-19 为机械串级调速系统原理。三相交流异步电动机与直流电动机以同轴连接方式共同拖动负载,三相交流异步电动机的转差功率经整流变换后输送给直流电动机,后者把这部分电功率转变为机械功率反馈到负载轴上,相当于在负载上附加一个拖动转轴,从而很好地利用了转差功率。

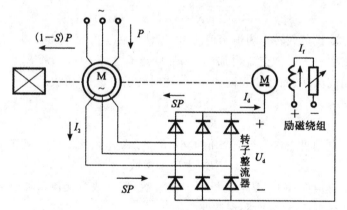

图 5-19 机械串级调速系统原理

若忽略各种内部损耗,将定子输入功率记为 P,直流电动机输入和输出的功率相等记为 SP,则三相交流异步电动机输-出的机械功率为 $(1-S)P$,两台电动机输出的总机械功率近似等于 P。调速时,只要改变直流电动机的励磁电流即可,从而大大提高了系统的效率。在稳定运行时,直流电动机的反电势 E_f 即可视为直流附加电压,其与转子整流器输出电压相平衡,若增大励磁绕组电流 I_f,直流电动机的反电势 E_f 相应增大,直流电流 I_d 降低,直流电动机转速随之减小,直到达到新的平衡状态,三相交流异步电动机在较大的转差率作用下低速运行。同理,若减小励磁绕组电流 I_f,则可使三相交流异步电动机在较高转速下运行。

在机械串级调速中,定子侧的输入功率与三相交流异步电动机的转速无关,即使直流电动机和三相交流异步电动机输出的机械功率都会变化,总的输出功率也可保持不变,因而,机械串级调速系统具有恒功率的特性。由于直流电动机在低速时不能产生足够的反电势,因此机械串级调速的应用受到一定的限制。

(2)电气串级调速系统

晶闸管电路可以将直流电转变为交流电,这种对应于整流的逆向过程称之为逆变,将直流电逆变成交流电的电路则称为逆变电路。在许多场合下,同一套晶闸管电路既可作为整流电路,也可以作为逆变电路,这种装置通常称为变流装置或变流器,也是晶闸管串级调速系统的主要组成部分。

①晶闸管低同步串级调速系统。晶闸管低同步串级调速系统原理如图 5-20 所示。在串级调速中,由于较难直接实现转子回路外加电势频率与转子转动频率的同步,图中采用晶闸管逆变器控制方式获得直流附加电压 E_f。转子电势 SE_{20} 通过六个整流二极管 UR 转变为直流电以后,被有源逆变电路 UI 逆变成三相交流电压,再经过变压器 TI 将转差功率 SP 回馈到交流电网。

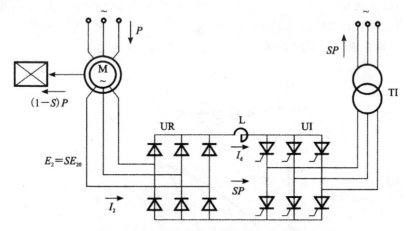

图 5-20   晶闸管低同步串级调速系统原理

改变有源逆变电路 UI 的逆变角 β,可改变直流附加电压 E_f 的幅值大小,从而改变三相异步交流电动机的转速。例如,当逆变角 β 减小时,逆变电压就增大,转子回路直流电流 I_d 减小,转子电流 I_2 也减小,电磁转矩 T 也随之减小。由于负载转矩为恒定值,当电动机减速时,转差率 S 和转子电势 SE_{20} 增大,转子回路直流电流 I_d 和转子电流 I_2 亦增大,电磁转矩 T 也随之增大,直到等于负载转矩,此时电动机将稳定在一个新的低速状态。

②晶闸管超同步串级调速系统。若用六个晶闸管替换图 5-20 中转子侧的六个整流二极管 UR,则组成晶闸管超同步串级调速电路。当转子侧采用可控变流器后,可使 UR 工作在逆变状态。UI 工作在整流状态,则可将电功率输出给电动机。此时电动机轴上的输出功率为电动机输入功率和转差功率之和,而满足此等式的转差率 S 必然为负值,即电动机可实现超同步串级调速。超同步串级调速系统可以使电动机在同步速度上进行调速,与低同步串级调速相比,其变流装置小、调速范围大、能够产生制动转矩。

5.3.3　调压调速

1.异步电动机的调压特性

了解如图 5-21 所示异步电动机调压时的机械特性曲线,对于如何改变供电电压来实现均匀调速是十分有益的。当改变定子电压 U 时,最大负载 T_{max} 随之变化,而旋转磁场同步转速 n_0 和对应最大负载的静差率 S_m 则保持不变。对于某一负载 T_L,负载特性曲线 1 与不同电压($U_1 > U_2 > U_3$)下电动机的机械特性曲线有 a、b、c 三个交点。此种情况下改变定子电压,电动机的转速变化范围并不大。如果为风机类负载特性曲线 2,其与不同电压下电动机的机械特性曲线有 d、e、f 三个交点,调速范围增大,但当降低电压时,转矩也按电压的平方成比例减小,因而调速范围也并非很大。

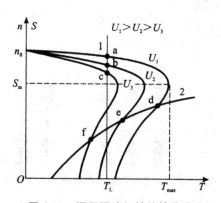

图 5-21　调压调速机械特性曲线

由图 5-21 可见,这类系统的调速范围较小。为了在恒定负载下得到较大的调速范围,可加大转子绕组的电阻值,而随着电阻值的增大,机械特性又偏软。实际调速系统的主回路通常由自耦变压器、可控饱和电抗器或交流调压器组成。

2.晶闸管交流调压电路

(1)单相交流调压电路

单相晶闸管交流调压电路的种类较多,图 5-22 为应用较为广泛的反并联晶闸管电路,下面以此电路为例分析带负载的工作情况。

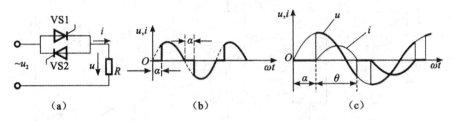

图 5-22　带负载反并联晶闸管电路及波形

(a)反并联晶闸管电路;(b)带电阻性负载电压电流波形;

(c)带电感性负载电压电流波形

图 5-22(a)为反并联晶闸管电路原理示意图,即将晶闸管反并联连接构成交流调速电路,通过调整晶闸管的触发角,改变异步电动机的端电压进行调速。

图 5-22(b)为带电阻性负载电压电流波形图。当电源电压为正半周时,在控制角为 α 时触发导通,电压过零时,VSl 则自行关断;当电源电压为负半周时,在同一控制角 α 下触发 VS2 导通。晶闸管交流调压的触发电路在原理上与晶闸管整流所用的触发电路相同,要求每周期输出的两个触发脉冲电路彼此没有公共点并且相互电气隔离。

图 5-22(c)为带电感性负载电压电流波形图。如果晶闸管调压电路带电感性负载(如异步电动机),那么电流波形与电压波形不可能像电阻性负载那样同相。

(2)三相交流调压电路

图 5-23 为 Y 形接法。为保证输出电压对称,触发信号必须与交流电源有一致的相序和相位差。每相情况与图 5-22(b)所示原理类似,以 A 相为例,在电源电压的正半周,当控制角为 α 时触发导通 VSl,当电压过零时自行关断 VSl;在电源电压的负半周,在同一控制角 α 下触发导通 VS2。三相均按此规律不断重复,通过改变晶闸管控制角 α 的大小来改变负载上交流电压值,即可在负载上得到正负对称的交流电压。为了确保晶闸管的可靠触发,可采用控制角大于 60° 的双脉冲或宽脉冲触发电路。

图 5-24 为△形接法。将三个晶闸管接成三角形,放置在星形连接负载的中点。由于晶闸管置于定子绕组之后,电网的浪涌电压可得到一定程度的削弱。由于所需晶闸管元件数量少,因而成为三相交流调压系统中常用

的一种线路。由于这种调压电路是接在星形连接负载的中点上,因此要求负载的中点必须能够分得开。

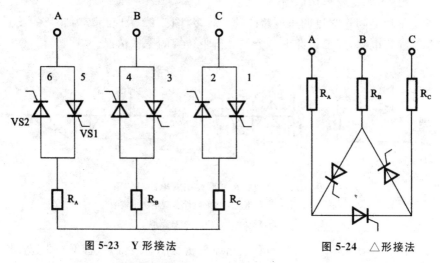

图 5-23　Y 形接法　　　　　图 5-24　△形接法

（3）闭环控制的调压调速

异步电动机调压调速时,采用普通电动机调速范围很窄,而力矩电动机通过增加转子电阻可获得较宽的调速范围,但机械特性变软,负载变化时的静差率也太大,开环控制较难解决这个矛盾。因此,一般在调压调速系统里采用转速负反馈构成闭环系统,其控制系统原理如图 5-25 所示。

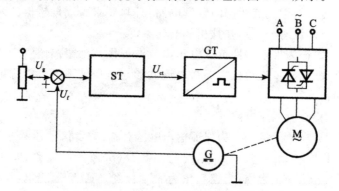

图 5-25　带转速负反馈的闭环调速系统

图 5-25 中,G 为测速发电机,GT 为晶闸管触发电路,ST 为速度调节器。当负载增大时,转速必然下降,由于转速负反馈的作用,可使定子绕组电压增大,从而使转速回升至近似原来设定的转速;当负载降低时,调整过程与此类同。

（4）异步电动机调压调速时的损耗

根据异步电动机的运行原理,当电动机定子接入,两者相互作用产生转

矩 T。此转矩将转子逐渐加速,直到最后稳定地运转于低于同步转速 n_0 的某一速度 n。由于旋转磁场和转子具有不同的速度,因此传到转子上的电磁功率 P_φ 记为

$$P_\varphi = \frac{Tn_0}{9550} \tag{5-28}$$

转子轴上产生的机械功率 P_m 为

$$P_m = \frac{Tn}{9550} \tag{5-29}$$

电磁功率 P_φ 与机械功率 P_m 的功率差称为转差功率

$$P_\varphi - P_m = \frac{T(n_0 - n)}{9550} \tag{5-30}$$

这个转差功率将通过转子导体发热而消耗掉,故该方法不太适合于长期工作在低速的机械设备,原因在于低速运转时的转差功率很大。若确实需要应用于这类机械设备,则可将电动机容量适当选择大一些。对于通风机类的工作机械,其负载具有转矩随转速降低而减小的特性。

第6章　机电传动控制其他技术

本章重点介绍不同类型的传感器技术和电力电子技术。传感器部分主要介绍了常用的位移传感器、速度传感器、压力传感器以及温度传感器。在电力电子部分主要介绍晶闸管可控整流电路与脉冲宽度调制控制。

6.1　不同类型传感器技术

6.1.1　位移传感器

位移测量是线位移测量和角位移测量的总称,位移测量在机电传动控制中应用得十分广泛,在速度、加速度、力、压力、扭矩等参数的测量都是以位移测量为基础的。

位移传感器的种类如下:

$$\text{直线位移传感器}\begin{cases}\text{电感传感器}\\\text{差动变压器传感器}\\\text{电容传感器}\\\text{感应同步器}\\\text{光栅传感器}\end{cases}$$

$$\text{角位移传感器}\begin{cases}\text{电容传感器}\\\text{旋转变压器}\\\text{光电编码盘}\end{cases}$$

1.电感式传感器

电感式传感器是基于电磁感应原理,将被测非电量转换为电感量变化的一种结构型传感器。按其转换方式的不同,可分为自感型、互感型等两大类型。

(1)自感型电感式传感器

①可变磁阻式电感传感器(图 6-1)。可变磁阻式电感传感器的构成比较简单,由铁芯、线圈和活动衔铁构成。在铁芯和活动衔铁之间保持一定的空气隙 δ,被测位移构件与活动衔铁相连,当被测构件产生位移时,活动衔

铁随着移动,空气隙 δ 发生变化,这样磁阻会发生相应的变化,线圈的电感值也会因为活动衔铁引起的变化而相应的改变。当线圈通以激磁电流时,其自感 L 与磁路的总磁阻 R_m 有关,即

$$L=\frac{W^2}{R_m} \tag{6-1}$$

式中,R_m 为总磁阻;W 为线圈匝数。

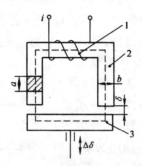

图 6-1　可变磁阻式电感传感器

1—线圈;2—铁芯;3—衔铁

假如忽略某些影响较小的条件,如磁路的损失,并且在空气隙 δ 较小的情况下,可求得总磁阻:

$$R_m=\frac{l}{\mu A}+\frac{2\delta}{\mu_0 A_0} \tag{6-2}$$

式中,μ 为铁芯导磁率(H/m);μ_0 为空气磁导率(H/m),$\mu_0=2\pi\times10^{-7}$;l 为铁芯导磁长度(m);A 为铁芯导磁截面积(m^2),$A=a\times b$;A_0 为空气隙导磁截面积(m^2);δ 为空气隙(m),$\delta=\delta_0+\Delta\delta$。

在计算时,有些因素不容易计算且影响不大时,在列式计算时,一般选择忽略,如影响较小的铁芯本身具有的磁阻,在计算时一般考虑的是空气隙的磁阻,故:

$$R_m\approx\frac{2\delta}{\mu_0 A_0} \tag{6-3}$$

将式(6-3)代入式(6-1),得:

$$L=\frac{W^2\mu_0 A_0}{2\delta} \tag{6-4}$$

式(6-4)可知,其他条件不变的情况下,δ 增大,L 减小,δ 减小,L 增大;而自感 L 随 A_0 的增大而增大,减小而减小。当固定 A_0 不变,改变 δ 时,L 与 δ 成非线性关系,此时传感器的灵敏度:

$$S=\frac{dL}{d\delta}=-\frac{W^2\mu_0 A_0}{2\delta^2} \tag{6-5}$$

由式(6-5)得知,S 的大小也受空气隙 δ 的影响,当 δ 增大时,灵敏度减小,当空气隙减小时,灵敏度增大,因此要想提高灵敏度,要尽可能地减小空气隙。由于灵敏度并不是固定不变的,因此要考虑到存在的误差,同变极距型电容式传感器类似。针对这种存在的误差,要想办法解决,通常情况下,要想误差减小,一般要求灵敏度的波动范围不大,因此空气隙也会变化范围较小。运用到实际情况中,可取 $\Delta\delta/\delta_0 \leqslant 0.1$。这种情况下,传感器的适用范围减小,一般适合位移较小的测量,位移一般为 $0.001 \sim 1\text{mm}$。此外,这类传感器还常采用差动式接法。图 6-2 为可变磁阻差动式传感器,可变磁阻差动式传感器的组成也是由铁芯、线圈和活动衔铁组成的,不过可变磁阻差动式传感器是由两个相同的线圈组成。当活动衔铁接近于中间位置(位移为零)时,两线圈的自感 L 相等,输出为零。当衔铁有位移 $\Delta\delta$ 时,两个线圈的间隙为 $\delta_0 + \Delta\delta$、$\delta_0 - \Delta\delta$,这表明一个线圈自感增加,而另一个线圈自感减小,将两个线圈

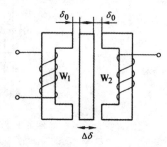

图 6-2　可变磁阻差动式传感器

接入电桥的相邻臂时,其输出的灵敏度可提高一倍,并改善了线性特性,消除了外界干扰。

可变磁阻式传感器还可做成改变空气隙导磁截面积的形式,当固定 δ,改变空气隙导磁截面积 A_0 时,自感 L 与 A_0 呈线性关系。

②涡流式传感器。涡流式传感器是利用金属导体在交流磁场中的涡电流效应。涡流式传感器常用的种类有低频透射式涡流传感器(图 6-3)和高频反射式涡流传感器(图 6-4)两种。

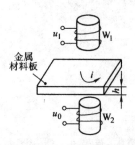

图 6-3　低频透射式涡流传感器

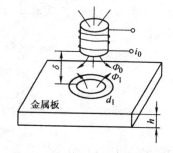

图 6-4　高频反射式涡流传感器

(2)互感型差动变压器式电感传感器

互感型电感传感器是利用互感 M 的变化来反映被测量的变化。这种传感器实质是一个输出电压的变压器。当变压器初级线圈输入稳定交流电

压后,次级线圈便产生感应电压输出,该电压随被测量的变化而变化。

差动变压器式电感传感器是常用的互感型传感器,其结构形式有多种,以螺管形应用较为普遍,其结构及工作原理如图 6-5(a)、(b)所示。

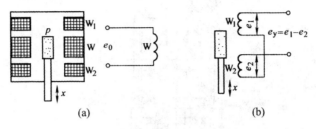

图 6-5　互感型差动变压器式电感传感器

(a)结构示意图;(b)电路原理图

差动变压器式传感器所输出的电压不是稳定的直流电压,而是不断变化的交流电压,一般会选用交流电压表来表示差动变压器式的输出电压,但是根据显示的输出值只能反映出铁芯位移的大小,对于反应移动的极性并不能显示出来。同时,由于输出的是交流电压,正负极是不断变化的,因此在变化过程中,交流电压存在一定的零点残余电压,这是由于差动变压器式传感器自身的构成所决定的,由于材质和线圈的各种原因,无论铁芯如何移动,输出也不为零。鉴于这些原因,要想能够同时反映出铁芯的位移和极性,同时还能抵消掉由于器件本身的原因所产生的零点残余电压,一般可选择在差动变压器后接直流输出电路。

差动变压器传感器相比较自感型电感式传感器,优点很明显,其具有很高的精度,能够达到 0.1um 量级,且其线圈的变化范围也有很大的调整空间,结构的组成比较简单,具有很高的稳定性,鉴于居多的优点,使其有很广的应用,在很多的测量中,都会涉及差动变压器传感器。图 6-6 是电感测微仪所用的差动型位移传感器的结构图。

2. 电容式位移传感器

电容式传感器是将被测物理量转换为电容量变化的装置。从物理学得知,由两个平行板组成的电容器的电容量为:

$$C=\frac{\varepsilon\varepsilon_0 A}{\delta}(F)\tag{6-6}$$

式中,A 为两极板相互覆盖面积(m^2);ε 为极板间介质的相对介电系数,空气中 $\varepsilon=1$;ε_0 为真空中介电常数,$\varepsilon_0=8.85\times10^{-13}F/m$;$\delta$ 为极板间距离(m)。

式(6-6)表明,当被测量使 δ、A 或 ε 发生变化时,都会引起电容 C 的变

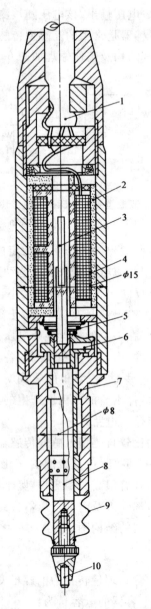

图 6-6　差动型位移传感器的结构图

1—引线；2—固定瓷筒；3—衔铁；4—线圈；5—测力弹簧；

6—防转销；7—钢球导轨；8—测杆；9—密封套；10—测端

化。若仅改变其中某一个参数，则可以建立起该参数随着某一个参数变化而变化的关系，因而电容器可根据参数的变化形式分为随着覆盖面积变化而引起电容变化的面积变化性；随着极板间距变化而引起的电容变化的极距变化型;随着介质变化而引起电容变化的介质变化型。如图 6-7 所示。前面两种应用较为广泛,都可用作位移传感器。

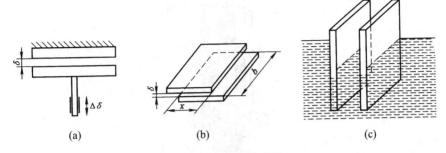

图 6-7 电容式传感器

(a)极距变化型;(b)面积变化型;(c)介质变化型

(1)极距变化型

根据式(6-6),如果两极板相互覆盖面积及极间介质不变,则电容量 C 与极距 δ 呈非线性关系(图 6-8)。当极距有一微小变化量 $d\delta$ 时,引起电容的变化量 dC 为:

$$dC = -\varepsilon\varepsilon_0 \frac{A}{\delta^2} d\delta$$

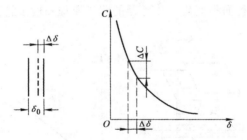

图 6-8 极距变化型电容式位移传感器

由此可得传感器的灵敏度:

$$S = \frac{dC}{d\delta} = -\varepsilon\varepsilon_0 A \frac{1}{\delta^2} \tag{6-7}$$

可以看出,灵敏度 S 与极距平方成反比,极距越小灵敏度越高,显然,这将引起非线性误差。针对引起的非线性误差,要想减少,则要求传感器的工作范围只能是极距变化小,以使获得近似的线性关系,一般取极距变化范围为 $\Delta\delta/\delta_0 = 0.1$,$\delta_0$ 为初始间隙。实际应用中,常采用差动式,以提高灵敏度、线性度以及克服外界条件对测量精确度的影响。

图 6-9 为极距变化型电容式位移传感器的结构。原则上讲,电容式传

感器仅需一块极板和引线就够了,因而传感器结构简单,极板形式可灵活多变,为实际应用带来方便。

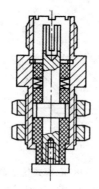

图6-9 极距变化型电容式位移传感器的结构

极距变化型电容传感器的优点是可以用于非接触式动态测量,对被测系统影响小,灵敏度高,适用于小位移(数百微米以下)的精确测量。但这种传感器有非线性特性,对传感器的灵敏度和测量精度影响较大,与传感器配合的电子线路也比较复杂,使其应用范围受到一定限制。

(2)面积变化型

面积变化型电容传感器可用于测量线位移及角位移。图6-10所示为测量线位移时两种面积变化型传感器的测量原理和输出特性。

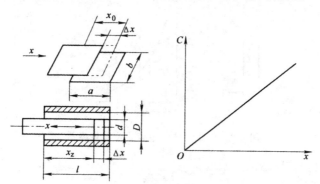

图6-10 面积变化型电容传感器

对于平面型极板,当动板沿 x 方向移动时,覆盖面积变化,电容量也随之变化。电容量为:

$$C = \frac{\varepsilon\varepsilon_0 xb}{\delta} \tag{6-8}$$

式中, b 为极板宽度。

其灵敏度:

$$S = \frac{dC}{dx} = \frac{\varepsilon\varepsilon_0 b}{\delta} = 常数 \qquad (6\text{-}9)$$

对圆柱形极板,其电容量:

$$C = \frac{2\pi\varepsilon\varepsilon_0 x}{\ln(D/d)} \qquad (6\text{-}10)$$

式中,D 为圆筒孔径;d 为圆柱外径。

其灵敏度:

$$S = \frac{dC}{dx} = \frac{2\pi\varepsilon\varepsilon_0}{\ln(D/d)} \qquad (6\text{-}11)$$

根据上面的计算公式可以看出,面积变化型电容传感器的灵敏度比较低,对于精确度要求高的位移测量不合适,使用线位移和角位移较大的测量。

3.光栅数字传感器

光栅[①]是一种新型的位移检测元件,它把位移变成数字量的位移——数字转换装置。它主要用于高精度直线位移和角位移的数字检测系统。其测量精确度高(可达 $\pm 1\mu m$)。

测量装置中由标尺光栅和指示光栅组成,两者的光刻密度相同,但体长相差很多,其结构如图 6-11 所示。光栅条纹密度一般为每毫米 25,50,100,250 条等。

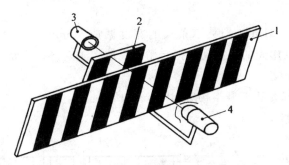

图 6-11　光栅测量原理

1—主光栅;2—指示光栅;3—光源;4—光电器件

把指示光栅平行地放在标尺光栅上面,并且使它们的刻线相互倾斜一个很小的角度秒,这时在指示光栅上就出现几条较粗的明暗条纹,称为莫尔条纹。它们是沿着与光栅条纹几乎成垂直的方向排列,如图 6-12

---

① 光栅是在透明的玻璃上,均匀地刻出许多明暗相间的条纹,或在金属镜面上均匀地刻化出许多间隔相等的条纹,通常线条的间隙和宽度是相等的。

所示。

光栅莫尔条纹的特点是起放大作用。当倾斜角 θ 很小时莫尔条纹间距 B 与光栅的栅距 W 之间有如下关系：

$$B=\frac{W}{2\sin(\theta/2)}\approx\frac{W}{\theta}$$

式中，θ 为倾斜角；B 为间距（mm）；W 为栅距（mm）。

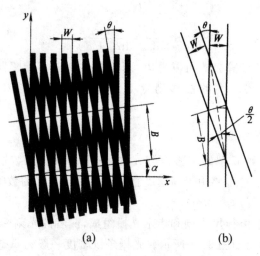

图 6-12 莫尔条纹

（a）莫尔条纹；（b）放大图

若 $W=0.01$mm，把莫尔条纹的宽度调成 10mm，则放大倍数相当于 1000 倍，即利用光的干涉现象把光栅间距放大 1000 倍，因而大大减轻了电子线路的负担。

光栅测量系统的基本构成如图 6-13 所示。

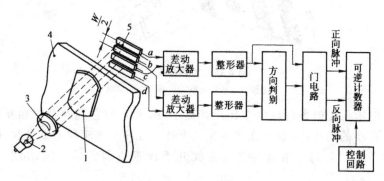

图 6-13 光栅测量系统

1—指示光栅；2—光源；3—聚光镜；4—标尺光栅；5—光电池组

4.感应同步器

直线感应同步器[①]由定尺和滑尺两部分组成。定尺一般为 250mm,上面均匀分布节距为 2mm 的绕组;滑尺长 100mm,表面布有两个绕组,即正弦绕组和余弦绕组,见图 6-14。当余弦绕组与定子绕组相位相同时,正弦绕组与定子绕组错开 1/4 节距。

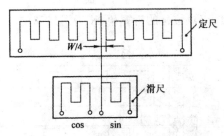

图 6-14　直线感应同步器绕组图形

圆盘式感应同步器,如图 6-15 所示,其转子相当于直线感应同步器的滑尺,定子相当于定尺,而且定子绕组中的两个绕组也错开 1/4 节距。

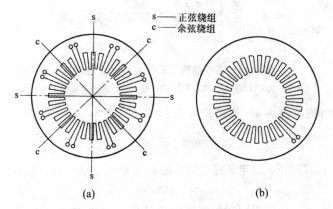

图 6-15　圆盘式感应同步器绕组图

感应同步器根据其激磁绕组供电电压形式不同,分为鉴相测量方式和鉴幅测量方式。

(1)鉴相式

所谓鉴相式就是根据感应电势的相位来鉴别位移量。如果将滑尺的正弦和余弦绕组分别供给幅值、频率均相等,但相位相差 90° 的激磁电压,即 $V_A = V_m \sin\omega t$,$V_B = V_m \cos\omega t$。

[①]　感应同步器是一种应用电磁感应原理制造的高精度检测元件,有直线和圆盘式两种,分别用作检测直线位移和转角。

图 6-16 说明了感应电势幅值与定尺和滑尺相对位置的关系。在图中 A 位置,定尺和滑尺绕组 1 完全重合,此时磁通交链最多,因而感应电势幅为最大。在图中 B 位置,定尺绕组交链的磁通相互抵消,而感应电势幅值为零。滑尺继续滑动的情况见图中 C、D、E 位置。可以看出,滑尺在定尺上滑动一个节距,定尺绕组感应电势变化了一个周期,即:

$$e_1 = KV_m\cos\theta \tag{6-12}$$

式中,θ 为滑尺和定尺相对位移的折算角;K 为滑尺和定尺的电磁耦合系数。

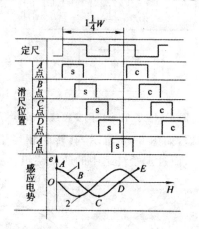

图 6-16　感应电势与两绕组相对位置关系

1—由 s 励磁的感应电动势曲线;2—由 c 励磁的感应电动势曲线

若绕组的节距为 W,相对位移为 l,则:

$$\cos\theta = \frac{l}{W}360° \tag{6-13}$$

同样,当仅对正弦绕组 2 施加交流励磁电压 V_2 时,定尺绕组感应电势为:

$$e_2 = -KV_2\sin\theta \tag{6-14}$$

对滑尺上两个绕组同时加激磁电压,则定尺绕组上所感应的总电势为:

$$e = e_1 + e_2 = KV_m\cos\theta - KV_m\sin\theta$$
$$= KV_m\sin\omega t\cos\theta - KV_m\cos\omega t\sin\theta \tag{6-15}$$

根据计算可知,通过相应的转换,可以根据测得相角 θ,能够求出滑尺的相对位移 l:

$$l = \frac{1}{360°}W \tag{6-16}$$

(2)鉴幅式

在滑尺的两个绕组上施加频率和相位均相同,但幅值不同的交流激磁电压 V_a 和 V_c:

$$V_a = V_m\sin\theta_1\sin\omega t \tag{6-17}$$

$$V_c = V_m \cos\theta_1 \sin\omega t \qquad (6\text{-}18)$$

式中，θ_1 为指令位移角。

设此时滑尺绕组与定尺绕组的相对位移角为 θ，则定尺绕组上的感应电势为：

$$e = K V_a \cos\theta - K V_c \sin\theta = K V_m (\sin\theta_1 \cos\theta - \cos\theta_1 \sin\theta)$$
$$= K V_m \sin(\theta_1 - \theta) \qquad (6\text{-}19)$$

上式把感应同步器的位移与感应电势幅值 $K V_m \sin(\theta_1 - \theta)$ 联系起来，当 $\theta = \theta_1$ 时，$e = 0$。这就是鉴相测量方式的基本原理。

6.1.2　速度传感器

1. 直流测速机

直流测速机是一种测速元件，简单来说就是将运行中的机械信号转换成电信号输出，其组成结构根据实际生产需求有多种，但其工作的原理和特性大致相同，都能够反映出机械的运转速度。图 6-17 所示为永磁式测速机原理电路图。

直流测速机的输出特性曲线，如图 6-18 所示。从图中可以看出，当负载电阻 $R_L \to \infty$ 时，其输出电压 V_0 与转速 n 成正比。随着负载电阻 R_L 变小，其输出电压下降，而且输出电压与转速之间并不能严格保持线性关系。由此可见，对于要求精度比较高的直流测速机，除采取其他措施外，负载电阻 R_L 应尽量大。

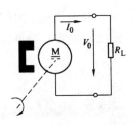

图 6-17　永磁式测速机原理

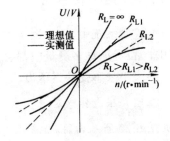

图 6-18　直流测速机输出特性曲线

直流测速机相比较闻言，具有自己独有的特性，其线性非常好，斜率较大，这样测量起来非常方便，能够作为测速或者是用作校正的原件，对电动机而言，其使用起来极比较方便。但是由于直线测速机要想保持线性比较好，就需要有电刷和换向器，但是在机械的生产中，增加了电刷和换向器，那么机械的结构相对而言就要复杂很多，同时造成维修变得复杂，生产成本和维修费用就会增加。总的来说综合直线测速机的优势和缺点，依据实际的生产需求,中和而言,选择适合实际生产需求的机械。

2.光电式转速传感器

光电式转速传感器的构成如图 6-19 所示。根据测量时间 t 内的脉冲数 N,则可测出转速为:

$$n = \frac{60N}{Zt} \tag{6-20}$$

式中,n 为转速(r/min);Z 为圆盘上的缝隙数;t 为测量时间(s)。

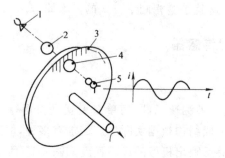

图 6-19 光电式转速传感器原理
1—光源;2—透镜;3—带缝隙圆盘;4—指示缝隙盘;5—光电器件

一般取 $Zt = 60 \times 10^m (m=0,1,2,\cdots)$,利用两组缝隙间距形相同,位置相差 $(i/2+1/4)W$ 形(i 为正整数)的指示缝隙和两个光电器件,则可辨别出圆盘的旋转方向。

6.1.3 压力传感器

机电控制系统中,压力也常常是需要检测的一个物理量。压力传感器的使用非常广泛,许多测量中都会使用到。压力传感器的实质是可以通测量阻值的大小来感受外界压力的大小。

1.压阻式压力传感器

如图 6-20 所示,当以 N 型硅为基底采用扩散技术在硅片表面特定区域形成 P 型扩散电阻时,则 A、B 两点间的电阻变化率与所受应力的大小成正比,其比值称为压阻系数。

一般压阻式压力传感器是在硅膜片上做成四个等值电阻的应变元件构成惠斯通电桥,如图 6-21 所示。因 $R_C = R_S = R$,在电桥平衡时,$R_C R_C = R_S R_S$,即电桥输出 U。为零。

若外加直流电压为 U,当受到压力作用时一对桥臂的电阻变大($R_S = R + \Delta R$),而另一对桥电阻变小($R_C = R - \Delta R$),电桥的平衡被打破,输出电压

U_o（当 $\Delta R \ll R$ 时）为

$$U_o = U \frac{\Delta R}{R} \qquad (6\text{-}21)$$

从式（6-21）可以看出，文桥输出与 $\Delta R/R$ 成正比。

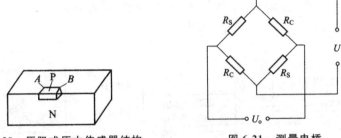

图 6-20　压阻式压力传感器结构　　图 6-21　测量电桥

从式（6-21）可知，U 的大小及其稳定性对测量精度有很大影响。这种传感器的测量精度还在很大程度上受环境温度的影响，因此，实际使用中，要考虑温度的影响，采取相应的补偿措施，减少温度对使用的影响，增加仪器的使用精度。

典型应用电路如图 6-22 所示。图中由 A_1、VS_1、VT_1 和 R_1 构成恒流源电路对电桥供电，输出 1.5mA 的恒定电流。

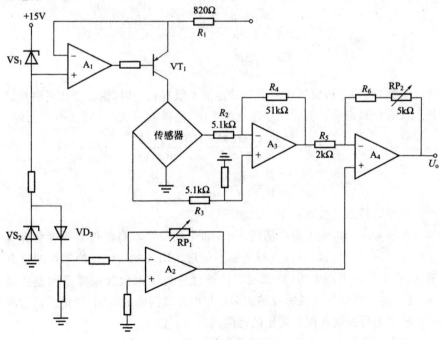

图 6-22　压阻式压力传感器应用电路

2.应变式压力传感器

从原理上讲,虽然可以由一片应变片就可求出作用力,但是为了消除温度变化所带来的影响和增加灵敏度,通常都用四片应变片组成一个电桥,如图 6-23 所示。在一个悬臂的两边分别贴上应变片 R_1、R_2、R_3、R_4,其测量电路如图 6-23(b)所示,电桥平衡时 $R_1 = R_2 = R_3 = R_4 = R$,电桥输出电压 $U_o = 0$。

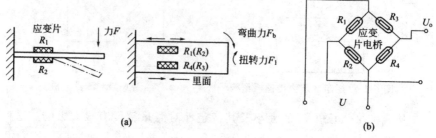

图 6-23 应变片测量结构

由于力 F 的作用,使得 R_1、R_4 的阻值增加 ΔR,而 R_2、R_3 的阻值减小 ΔR,则测量电桥的输出电压为

$$U_o = \frac{R_1 R_4 - R_2 R_3}{(R_1 + R_2)(R_3 + R_4)} U$$

$$= \frac{(R + \Delta R)^2 - (R - \Delta R)^2}{(R + \Delta R + R - \Delta R)(R + \Delta R + R - \Delta R)} U$$

$$= \frac{4R \Delta R}{4R^2} = \frac{\Delta R}{R}$$

显然,当四个桥臂所用应变片的温度系数都相同时,温度变化对测量结果也没有什么影响。假定由于温度的影响,使得 $R_1 \sim R_4$ 分别减小了 δ,则

$$U_o = \frac{R_1 R_4 (1 - \delta)^2 - R_2 R_3 (1 - \delta)^2}{(R_1 + R_2)(1 - \delta)(R_3 + R_4)(1 - \delta)} U$$

$$= \frac{R_1 R_4 - R_2 R_3}{(R_1 + R_2)(R_3 + R_4)} U = \frac{\Delta R}{R} U$$

典型的桥路变换器如图 6-24 所示。

一般考虑到影响电桥平衡的因素,如测试应片本身的性能或者电容等原因,需要在使用前对电桥进行平衡预处理。图 6-24 中 R_2 为零点调整电阻,R_2' 墨为零点微调电阻,均采用时效处理过的康铜丝线或零点调整片组成,通过调节康铜丝的长短或箔式调零片串并联网络的切割,使传感器空载时的输出信号控制在国家规定的范围内($\leqslant 1\%$FS)。

温度的变化会引起应变电阻的变化,从而影响测量精度。为了消除这种误差,可利用桥路补偿、应变片自补偿和热敏电阻法等方法。图 6-24 中 R_{t0} 为零点温度补偿电阻,一般采用时效处理过的镍丝或紫铜线,或用零点补偿片(镍箔),能够起到补偿温度特性的作用,使得温度误差减小,在初始使用时温度的变化在合理的使用范围内。R_{ct} 为灵敏度系数的温度补偿电阻,一般采用镍箔片或漆包铜丝线绕电阻。其原理是:依靠补偿电阻材料的温度特性,跟踪弹性体温度变化产生不同的分压,使传感器的输出灵敏度系数的温度变化量控制在允许的范围内。R_{ct}' 与 R_{ct} 并联,R_c' 与 R_L 并联,利用电流的分流原理,细调补偿特性,达到较好的补偿效果。

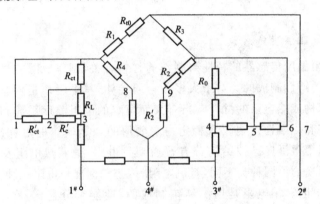

图 6-24　典型的桥路变换器

R_L 是线性补偿片,它采用半导体应变片,其电阻应变效应是一般应变片的 60～120 倍。R_0 为输出阻抗调整电阻,采用材质为康铜的调整片,或用绕在陶瓷骨架上的漆包康铜丝线。R_1～R_4 是电阻应变片,每一个桥臂可以由一片或多片应变片组成,桥路的电阻一般为 $250～1000\Omega$。应变片中的丝栅材料一般为康铜,也有用卡玛合金或镍铬合金制成。

在设计应变片压力传感器测量电路时,还要注意应变片本身流过的电流要适当,虽然增高电桥电压会使输出电压信号增大,放大电路本身的漂移和噪声相对变小,但电源电压或电流增大,会使流过应变片本身的电流加大,从而造成自身的发热,带来测量误差,故一般应将电桥的电压设计成低于 6V。

6.1.4　温度传感器

温度也常常是机电一体化控制系统中需要检测和控制的一个物理量。检测温度的方法很多,传感器的种类也很多,但是至今为止,温度传感器的使用都还是受到温度范围的控制,不能覆盖所有的温度,或者是温度范围比较广,但是精确度就又达不到。因此,在实际应用中,需要综合考虑实际情况,选择合适类型的温度传感器,不同的温度传感器类型的灵敏度和制作材料是有区别的,要根据材料的特性选择适合的特征来测量需要的值,即不同类型的温度传感器具有不同的工作机理。

温度传感器使用上可以直接接触被测量物体,也可以不直接接触需要测量的物体。选择可以直接接触的温度传感器的种类较多,像热电阻、热电偶等,但有些被测物体温度过高,或者由于其他的原因不方便传感器直接接触,这时候一般选择非接触式的温度传感器,常用的有通过热辐射来测量的红外测温传感器,这种类型的传感器在很高的温度下也可使用,如炼钢炉内温度测量。

1. 热电阻温度传感器

热电阻温度传感器的特性与制作的材料有关,制作电阻的材料会随着温度变化的特性制成的。对于大多数金属导体,其电阻率是随温度升高而增加的,但构成热电阻的材料应当有大而恒定的电阻温度系数和大的电阻率,其物理和化学性质也要求稳定。主要用的金属丝热电阻有铂、镍和铜等,铂和铜用得最广。按结构分有普通型热电阻、铠装热电阻及薄膜热电阻;按照用途的不同种类不同,有热电阻、精密和标准热电阻三种。

①铂电阻。铂电阻是用高纯铂制成的,性能十分稳定,在 $-200 \sim +630$℃ 之间铂电阻作标准温度计。在 $-200 \sim 0$℃ 之间,电阻与温度的关系可表示为

$$R_t = R_0 [1 + At + Bt^2 + C(T-100)t^3]$$

式中,R_0 为 0℃ 时的电阻;R_t 为温度为 t 时的电阻;A 为系数,$A = 3.940 \times 10^{-3}, 1/$℃;$B$ 为系数,$B = -5.84 \times 10^{-7}, 1/$℃^{2};$C$ 为常数,$C = -4 \times 10^{-12}, 1/$℃^{4}。

在 $0 \sim 630°$ 范围内铂电阻与温度的关系可表示为

$$R_t = R_0 (1 + At + Bt^2)$$

目前,我国常用的工业铂电阻,BA_1 分度号,取 $R_0 = 46\Omega$;BA_2 分度号,取 $R_0 = 100\Omega$;标准或实验室用铂电阻的 R_0 为 10Ω 或 30Ω。

②铜电阻。铜电阻的温度系数比铂电阻的稍大一些,大约在 $-45 \sim +200$℃ 范围内温度曲线保持线性。工业用铜电阻测量范围一般为 $-50 \sim +150$℃,其电阻与温度的关系为

$$R_t = (1 + At + Bt^2 + Ct^3)$$

式中,A 为系数,$A = -4.28899 \times 10^{-3}, 1/$℃;$B$ 为系数,$B = -2.133 \times 10^{-7}, 1/$℃^{2};$C$ 为常数,$C = -1.233 \times 10^{-9}, 1/$℃^{3}。$R_t$ 的意义同上。

由于铜电阻在 $0 \sim 100$℃ 间 $\alpha \approx 4.33 \times 10^{-3}$,单位为 $1/$℃,因此铜电阻

与温度关系也可表示为

$$R_t = R_0(1 + \alpha t)$$

③测量电路。根据热电阻的性能,温度发生变化时,电阻的变化值并不大,但是接线电阻存在影响,为了减少热电阻工作过程中可能会存在误差,以及电动势固有的电阻误差,在实际工作中通常使热电阻与仪表或放大器采用三线或四线制的接线方式。热电阻测量电桥的三线式接法如图 6-25(a)所示。

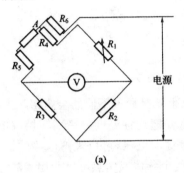
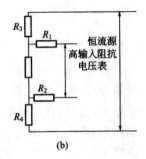

图 6-25　热电阻测量电桥

(a)三线式;(b)四线式

三线式接线方法是最实用的精确测量温度的方法。图 6-25(a)中 $R_2 = R_3$ 是固定电阻器,R_1 为电桥的平衡电阻器(可变)。热电阻测量电桥的四线接法如图 6-25(b)所示。R_1、R_2、R_3 和 R_4 为引线电阻和接触电阻,且阻值相同。

2.热电偶温度传感器

热电偶温度传感器的工作原理与热电阻的工作原理存在区别,热电偶温度传感器主要是根据热电效应来进行工作的。其构成相对来说也比较简单,如图 6-26(a)所示,由两种材质不同的半导体或者是导体构成,它们节点处的温度不同,分别为 t 和 t_0(设 $t > t_0$)的热源中,则在该回路中就会产生一个与温度差相对应的温差电动势,称为热电动势。

另外,当两种不同的导体(或半导体)相接触时(构成一个接点),由于两种材料不同,内部的电子密度也是不相同的,根据电流的流动原理,比如把两根不同的金属接触在一起,一根金属的电子密度大,另外一根金属的电子密度小,纳米接触时,电子密度大的金属 A 内部电子会自发地向电子密度低的金属 B 扩散。这时 A 金属因失去正电子而具有正电位,B 金属由于得到电子而带上负电。这种扩散一直到动态平衡,从而得到一个暂时稳定的接触电动势 E_{AB},如图 6-27(b)所示。

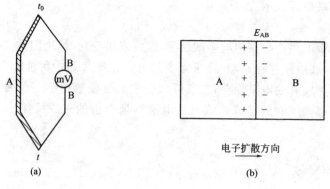

图 6-26　热电偶原理

(a)热电偶结构；(b)接触电势

根据分析可知,热电偶温度电阻实际上就是两种不同的金属相互接触,由于接触点的温度存在区别,而热敏电阻就把这种温度的区别转换成电动势呈现出来,相当于输出电压。并且通过输出电压,可以理解电势的极性,进而决定于其接触电势的方向。这样由两个导体或叫热电极所构成的这种电路称为热电偶,而两个连接端称为热电偶的工作端和自由端。若将自由端的温度保持不变,$f(t_0)=C_0$,E_{AB} 为

$$E_{AB}(t,t_0)=f(t)-f(t_0)=f(t)-C_0$$

从上式可知,在自由端温度 t_0 恒定不变时,对一定材料的热电偶其总电势就只与工作端温度 t 成单值函数关系。这个函数关系就是热电偶用于测温的原理。规定在 $t_0=0℃$ 将 $E_{AB}(t,t_0)$ 与 t 的对应关系制成表格,得到各种热电偶的分度表。

热电偶的种类很多,可以按工业标准划分,也可以按材料划分,下面按其用途、结构和安装形式来划分,有铠装热电偶、绝缘热电偶、表面热电偶、薄膜热电偶、微型热电偶等。

热电偶在应用中需要注意如下问题:为了使热电动势与被测温度呈单值函数关系,需要把热电偶冷端的温度保持恒定,并消除冷端 $t_0≠0℃$ 所产生的误差,由于热电偶分度表是以冷端温度 $t_0 0℃$ 为标准的,故实际使用时应当注意这一点。下面介绍几种常用的冷端温度处理方法。

用补偿导线将热电偶冷端迁移到环境温度较恒定的地方,但环境温度不是 0℃ 则会产生测量误差,此时要进行冷端补偿。这里介绍两种方法。

(1)冷端温度补偿器

热电偶冷端温度补偿电桥如图 6-27 所示。

图 6-27 中所示的补偿电桥桥臂电阻 R_1、R_2、R_3 和 R_{Cu} 通常与热电偶的冷端置于相同的环境中。取 $R_1=R_2=R_3=1\Omega$,用锰铜线制成。R_{Cu} 是用铜

导线绕制成的补偿电阻。R_s 是供桥电源 E 的限流电阻。R_3 由热电偶的类型决定。

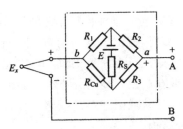

图 6-27　热电偶冷端温度补偿电桥

若电桥在 20℃时处于平衡状态。当冷端温度升高时，R_{Cu} 补偿电阻将随之而增大，则电桥 a、b 两点间的电压 U_{ab} 也增大，此时热电偶温差电势却随冷端温度升高而降低。如果 U_{ab} 的增加量等于热电偶温差电势的减小量，则热电偶输出电势 U_{ab} 的大小将保持不变，从而达到冷端补偿的目的。这种补偿方法在工业中广泛应用。

(2)PN 结温度传感器作冷端补偿

将 PN 结温度传感器冷端测量电桥置于与热电偶冷端相同的环境中，并使其与热电偶放大器具有相同的灵敏度(mV/℃)，然后采用图 6-28 所示的电路，即可达到冷端温度补偿。若热电偶的温差电势经放大器 A_1 放大后的灵敏度为 10mV/℃，那么设计一个放大器 A_2，使 PN 结测温传感器输出电势经 A_2 放大后，灵敏度也为 10mV/℃，再将 A_1、A_2 的输出分别连接到增益为 1 的电压跟随器 A_3 的"＋"端和"－"端相加，则自动地补偿了因冷端温度变化而引起的误差。该补偿电路在 0～50%范围内，其精度小于 0.5℃。

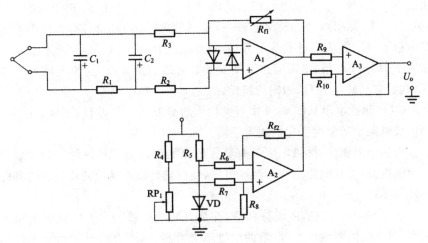

图 6-28　PN 结温度传感器作冷端补偿电路

3.热敏电阻温度传感器

(1)工作原理

在半导体中,原子核对电子的约束力要比在金属中的大,因而自由载流子数相当少。当温度升高时,载流子就会增多,半导体的电阻也随之下降。利用半导体的这一性质,采用重金属氧化物(如锰、钛、钴、镍等)或者稀土元素氧化物的混合技术,并在高温下烧结成特殊电子元件,即可测温。按上述技术与工艺制成的球状、片状或圆柱形的敏感元件称为热敏电阻。图 6-29所示为热敏电阻的几种结构。

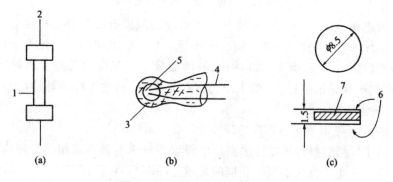

图 6-29 热敏电阻的几种结构

(a)柱形;(b)玻璃珠形;(c)片形

1、5、7—电阻体;2、4—引线;3—玻璃保护壳;6—银电极

图 6-30 所示为三种热敏电阻的电阻-温度特性曲线,曲线 1 为临界温度热敏电阻(CTR)的,曲线 2 为正温度系数(PTC)热敏电阻的,曲线 3 为负温度系数(NTC)热敏电阻的。从图 6-30 中可知,PTC 热敏电阻在室温到居里点 L(即拐点)内,表现出和 NTC 热敏电阻相同的特性,即随温度升高阻值下降。但从该居里点 L 开始,随着温度升高,电阻值也急剧上升,约增大了 $10^3 \sim 10^5$ 倍,电阻值在某一温度附近达到最大值,这个区域为 PTC区,其后它又具与 NTC 相同的特性。

CTR 热敏电阻从图 6-30 中可见均为随着温度上升,阻值下降,在不同温度段电阻值随温度变化的程度不同。

同热电阻相比,热敏电阻具有更大的自加温误差。将热敏电阻串联上一个恒流源,并在电阻的两端测端电压,便得到负温度系数的伏安特性如图6-31 所示。

从图 6-31 中可见,曲线分四段,在最开始的阶段($I < I_a$),此时的电流太小,对电阻的影响很小,电阻的温度不会升高,基本上还是保持与环境相同的温度;接着电流继续曾大($I_a < I < I_m$)而电阻依然小于最大值时,电压

与电流之间类似于线性关系,基本上符合欧姆定律;接着电流达到 I_m 时,电阻达到最大值;再往后电流的值继续加大,由于电流值的增加,导致电阻的温度过高,对电阻值产生影响,电阻值反而会减小,随着电流的增强,电阻值虽然在减小,但是减小的系数在不断的变化,出现下降的曲线。

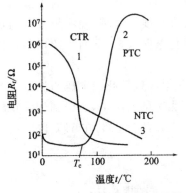

图 6-30　热敏电阻的电阻-温度特性

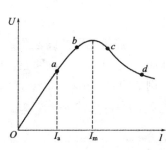

图 6-31　热敏电阻的负温度系数伏安特性

　　正温度系数热敏电阻的伏安特性如图 6-32 所示。曲线的起始段为直线,其斜率就是热敏电阻器在环境温度下的电阻值。在曲线开始,由于流过 PTC 热敏电阻的电流很小,自身耗散功率引起的温度上升几乎可以忽略不计,因此其伏安特性符合欧姆定律。随着电压的增加,热敏电阻耗散功率便增加,阻体温度便升高,当温度增加超过环境温度时,PTC 热敏电阻值增大,曲线便开始弯曲。当电压增加到使电流达到最大值 I_m 时,电压再增加,由于温升引起电阻增加的速度超过电压增加的速度,电流便反而减小,曲线斜度由正变负。

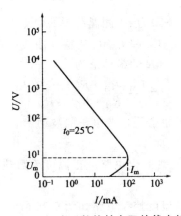

图 6-32　正温度系数热敏电阻的伏安特性

从上述特性可知,NTC 热敏电阻能够适用的范围相对来说较为广泛,可以用来进行温度的测量，而 PTC 突变型由于其本身的特性，能够适用的场所就少很多，温度变化的范围也不叫狭窄，这种特征比较适合用于对温度敏感的开关元件或者常用的温度恒温控制等。

(2)热敏电阻的线性化

热敏电阻的温度-电阻变换关系是非线性的，通常情况下，为了适用于适用，也便于数据处理和计算，一般会对其进行线性处理，使测量数据与输出的数据尽量呈线性关系。热敏电阻线性化电路较多，下面介绍两种线性化方法。

①NTC 热敏电阻的线性化。NTC 热敏电阻线性化的电压与温度关系电路如图 6-33 所示。该电路在测温范围不太宽的情况下，能得到较满意的结果。例如测温范围在 100℃以内，非线性误差约为 3℃，在 50℃以内约为 0.6℃，在 30℃以内约为 0.05℃。

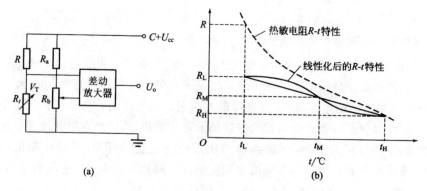

图 6-33　NTC 热敏电阻的线性化电路
(a)电路；(b)特性曲线

设测温上限为 t_H，下限为 t_L，测温范围的中点为 t_M，它们的相应阻值分别为 R_H、R_L 和 R_M。R_H、R_L 和 R_M 可从特性曲线中获得或者实测得到，那么在热敏电阻电路中接入 R 的最佳值为

$$R = \frac{R_M(R_H + R_L) - 2R_H R_L}{R_H + R_L - 2R_M}$$

热敏电阻测量误差也会受电源电压的波动影响，因此，电源电压必须再次稳压。

②PTC 热敏电阻的线性化电路。正温度系数热敏电阻测量时的补偿电路如图 6-34 所示。

用热敏电阻构成的温度控制电路如图 6-35 所示。

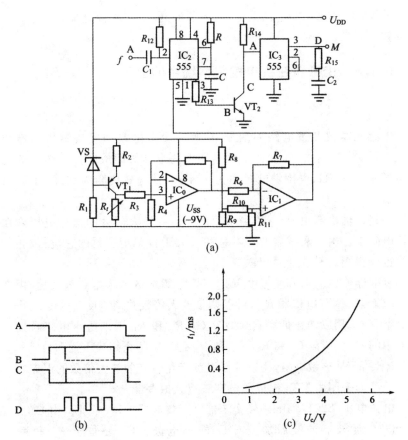

(a)

(b)

(c) U_c/V

图 6-34　PTC 热敏电阻的线性化电路

(a)电路;(b)波形;(c)特性曲线图

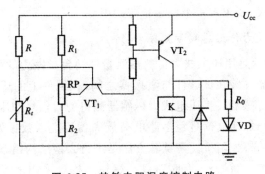

图 6-35　热敏电阻温度控制电路

用电位器 RP 设定温度值。当设定温度比实际温度高时,VT$_1$ 的 U_{be} 大于导通电压,则 VT$_1$ 导通,随后 VT$_2$ 也导通,继电器 K 吸合,电热丝加热。当温度达到设定温度时,由于热敏电阻 R_t(NTC)阻值降低,使 VT$_1$ 的 U_{be}

<0.6V,VT_1 截止,VT_2 也截止,继电器断开,电热丝停止加热。这样可以达到控温目的。

6.1.5　传感器在机电控制系统中的应用

1.电感测微仪

电感测微仪测量电路如图 6-36 所示。它由差动式自感传感器相敏整流电路、放大电路、温度补偿电路和振荡电路等组成。自感传感器每臂的电感量为 4mH,电桥供电频率为 10kHz,其等效内阻为 $X_L/2=\omega L/2=150\Omega$。

桥路的输出经由 $R_1 \sim R_5$ 组成的衰减器,使大部分的信号电压降在衰减器电阻上。由于衰减器的电阻总和远大于自感传感器的感抗,故相位的改变也就很小。S_2 是换挡开关。

衰减器输出的信号经过由 $VT_1 \sim VT_6$ 组成的放大电路放大后,由变压器 T_1 输出。调节电位器 R_{13},可以调整放大倍数并调节反馈深度。

电容 C_6 用以防止低频自励;C_2、C_3、R_{11} 和 R_{12} 用以防止电路自励。放大器中的 C_4 和 R_{19}、C_7 和 R_{26}、C_{11} 和 R_{33} 是为了防止高频干扰和自励。

RR3-21 是热敏电阻,用以补偿温度变化带来的放大倍数的误差。

振荡器采用由 VT_7 组成的电容三点式振荡器。

电源电压(220V,50Hz)经变压器 T_3、整流器 $VD_5 \sim VD_8$,由 C_{22}、C_{23} 和 R_{55} 组成的滤波器滤波后加至 VT_8 的集电极,另一路加至 R_{58} 和稳压器 VS_1,从而达到稳定的目的。

自感式传感器的结构简单,输出功率大。但它存在一个缺点,即受电源频率的影响很大,要求有一个频率稳定的电源。

2.用压电式力传感器测量激振力

图 6-37 所示是用压电式力传感器测量振动台激振力的测试系统框图。压电式力传感器安装在试验件与激振器之间,在试件上的适当部位装有多只压电加速度传感器。将压电式力传感器测得的力信号和压电加速度传感器测得的(响应)加速度信号经多路电荷放大器后送入数据处理设备,则可求得被测试件的机械阻抗。该试验方法是进行大型结构模态分析的一种常用的方法。除单点激振外,有时对复杂机械结构也采用多点激振。多点激振法是用多只激振器同时激励试件,用多只压电加速度传感器拾取各测试点的信号。整个试验过程是在计算机控制下进行的,试验过程中需使试件各点均处于谐振状态。

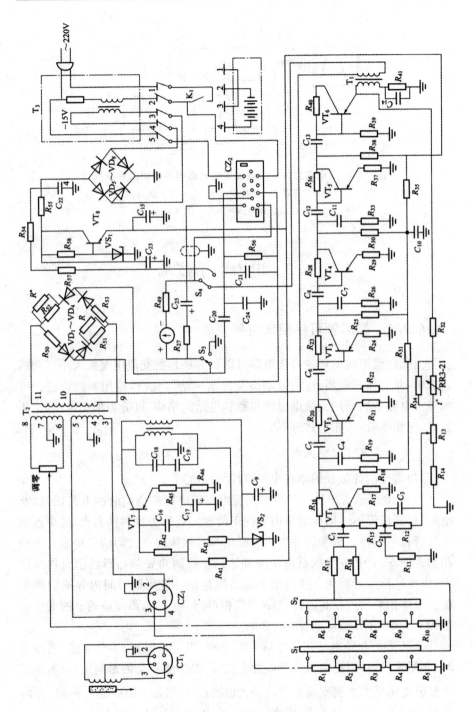

图 6-36　电感测微仪测量电路

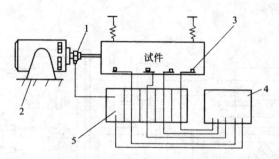

图 6-37 压电式力传感器测量振动台激振力的测试系统框图
1—力传感器;2—激振器;3—压电速度传感器;
4—数据处理机;5—多路电荷放大器

6.2 电力电子技术

6.2.1 晶闸管可控整流电路

由晶闸管组成的可控整流电路可以很方便地把交流电变成大小可调的直流电,具有体积和质量小、效率高及控制灵活等优点,应用非常广泛。可控整流电路依照所用交流电源的相数和电路的结构,可分为单相半波、单相桥式、三相半波、三相桥式等形式。

1.单相半波可控整流电路

(1)带电阻性负载的单相半波可控整流电路

图 6-38 所示为单相半波可控整流电路带电阻性负载时的电路图,以及电压、电流波形图。阳极电压由负变正的过零点称为自然换向点,过该点时二极管自然导通。触发脉冲发出的时刻与自然换向点之间的夹角定义为控制角。图 6-37 中,α 为控制角,θ 为导通角。控制角 α 总是滞后于自然换向点,因此又称为滞后角。导通角 θ 是晶闸管在一个周期时间内导通的电角度。对单相半波可控整流而言,α 的移相范围是 $0\sim\pi$,而对应的 θ 的变化范围为 $\pi\sim0$。由图 6-37 可见,$\alpha+\theta=\pi$。

晶闸管是否导通受到脉冲信号的影响,当不添加时,不会导通,当添加时,晶闸管导通,当把电压全部添加上去时,晶闸管承受的最高正、反向电压为整流变压器二次侧交流电压的最大值 $\sqrt{2}U_2$。当 $\omega t=\alpha(0<\alpha<\pi)$ 时,此时在晶闸管上的电压为正直,而当 $\omega t=\pi$ 时,电源电压从正变为零。

输出电压平均值的大小为

$$U_d = \frac{1}{2\pi} \int_\alpha^\pi \sqrt{2} U_2 \sin\omega t \, \mathrm{d}(\omega t) = 0.45 U_2 \frac{1 + \cos\alpha}{2} \qquad (6\text{-}22)$$

负载电流平均值的大小由欧姆定律决定,其值为

$$I_d = \frac{U_d}{R} \qquad (6\text{-}23)$$

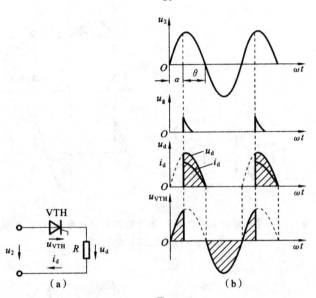

图 6-38　带电阻性负载的单相半波整流电路及电压、电流波形

(a)电路；(b)波形

(2)带电感性负载的单相半波可控整流电路

感抗 ωL 和电阻 R 的大小相比不可忽略的负载称为电感性负载,如图 6-39 所示。所以,晶闸管在 $\omega t = \alpha$ 时触发,导通后在 $\alpha + \theta$ 时关断。

由此可见,在单相半波可控整流电路中,当负载为电感性的时,晶闸管的导通角 θ 将大于 $\pi - \alpha$,也就是说,在电源电压为负时仍然可能继续导通。负载电感越大,导通角 θ 越大,每个周期中负载上的负电压所占的比重就越大,输出电压和输出电流的平均值也就越小。所以,单相半波可控整流电路用于大电感性负载时,如果不采取措施,负载上就得不到所需的电压和电流。

(3)续流二极管的作用

为了提高大电感性负载下的单相半波可控整流电路整流输出平均电压,可以采取措施使电源的负电压不加于负载上,如可在负载两端并联一只二极管 VD,如图 6-40 所示。

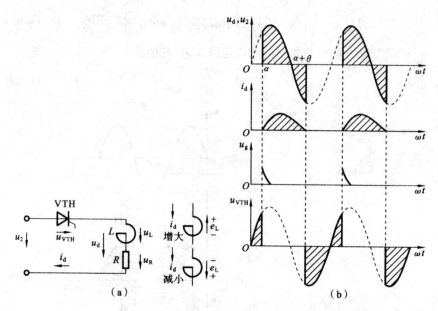

图 6-39 带电感性负载的单相半波整流电路及电压、电流波形

(a)电路;(b)电压、电流波形

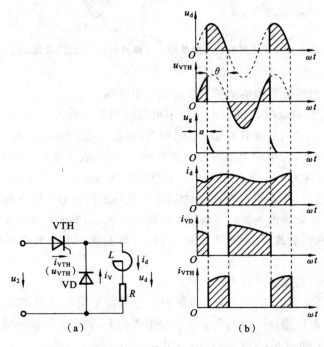

图 6-40 有续流二极管的电路和电压、电流波形

(a)电路;(b)电压、电流波形

若负载电流的平均值为 I_d，则流过晶闸管的电流平均值与流过续流二极管的电流平均值分别为

$$I_{dVTH} = \frac{\theta}{2\pi} I_d \qquad (6\text{-}24)$$

$$I_{dVD} = \frac{2\pi - \theta}{2\pi} I_d \qquad (6\text{-}25)$$

2. 单相桥式可控整流电路

(1) 单相半控桥式整流电路

带电阻性负载单相半控桥式电路如图 6-41 所示，在此电路中，组成并不复杂，只要把两只二极管换成晶闸管就行，构成的这种电路，能够适用的场合很多，在不同的工作场合中，容量场有相应的变化，工作原理如图 6-41 所示，图中的实线和虚线箭头表示的是在不同的工作状态下电流的方向，如电流的方向为虚线所示时，VTH_1 及 VD_2 处于反压截止状态。下面分三种不同负载情况来讨论。

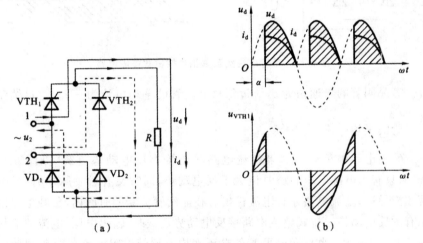

图 6-41　带电阻性负载单相半控桥式电路和电压波形

(a)电路；(b)电压波形

①电阻性负载。通过图 6-41 所示的波形图，可以看出处于不同状态时的电压波形图，由于电压的变化和电流的变化息息相关，所以电流的变化波形图和电压类似。输出电压平均值 U_d 与控制角 α 的关系为

$$U_d = \frac{1}{\pi} \int_\alpha^\pi \sqrt{2} U_2 \sin\omega t\, d(\omega t) = 0.9 U_2 \frac{1 + \cos\alpha}{2} \qquad (6\text{-}26)$$

在桥式整流电路中，元器件承受的最大反向电压是电源电压的峰值。

②电感性负载。如图 6-42 所示的带电感性负载单相半控桥式整流电路也采用加续流二极管的措施。对于加续流二极管的作用，可以使得当负

载电流流经续流二极管,晶闸管将因电流为零而关断,不会出现失控现象。

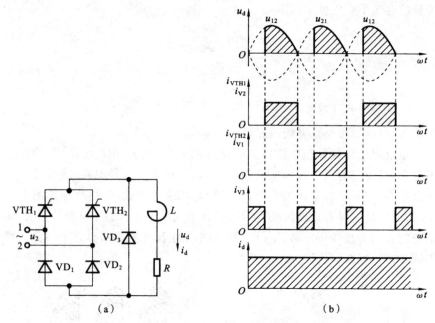

图 6-42 带电感性负载单相半控桥式整流电路

若晶闸管的导通角为 θ,流过每只晶闸管的平均电流为 $\frac{\theta}{2\pi}I_d$,流过续流二极管的平均电流为 $\frac{\pi-\theta}{\pi}I_d$。

③反电动势负载。如果整流电路输出接有反电动势负载[见图 6-43 (a)],只有当电源电压的瞬时值大于反电动势,同时又有触发脉冲时,晶闸管才能导通,整流电路才有电流输出。在晶闸管关断的时间内,负载上保留原有的反电动势。桥式整流电路接反电动势负载时,输出电压、电流波形如图 6-43(b)所示。此时负载两端的电压平均值比带电阻性负载时负载两端的电压平均值高。例如,直接由电网 220V 电压经桥式整流输出,带电阻性负载时,可以获得最大为 $0.9 \times 220V = 198V$ 的平均电压,但接反电动势负载时的电压平均值可以增大到 250V 以上。

当整流输出直接加于反电动势负载时,输出平均电流为 $I_d = (U_d - E)/R$。其中,$U_d - E$ 即图 6-43 中斜线阴影部分的面积对一周期取平均值。因为导通角小,导电时间短,回路电阻小,所以,电流的幅值与平均值的比值相当大,晶闸管器件工作条件差,晶闸管必须降低电流定额使用。另外,对直流电动机来说,换向器换向电流大,易产生火花,对于电源则因电流有效值大,要求的容量也大,因此,对于大容量电动机或蓄电池负载,常常串联电抗器,用于平滑电流的脉动,如图 6-44 所示。

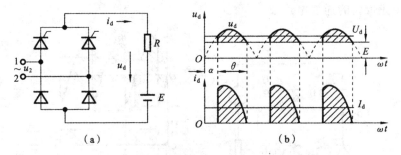

图 6-43　带反电动势负载单相半控桥式电路

(a)电路;(b)电压、电流波形

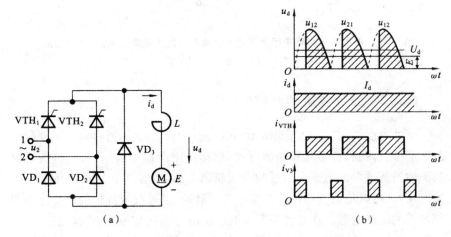

图 6-44　反电动势负载串联电抗器并续流二极管时的电路

(a)电路;(b)电压、电流波形

(2)单相全控桥式整流电路

把半控桥中的两只二极管用两只晶闸管代替,即构成全控桥。单相全控桥式整流电路如图 6-45 所示。带电阻性负载时,电路的工作情况与半控桥式整流电路的没有什么区别,晶闸管的控制角移相范围也是 $0\sim\pi$,输出平均电压、电流的计算公式也与半控桥式整流电路的相同,所不同的仅是全控桥每半个周期要求触发两只晶闸管。在带电感性负载且没有续流二极管的情况下,输出电压的瞬时值会出现负值,其波形如图 6-45 所示。这时输出电压平均值为

$$U_d = 0.9 U_2 \cos\alpha \quad (0 \leqslant \alpha \leqslant \pi/2) \qquad (6\text{-}27)$$

在全控桥中元件承受的最大正、反向电压是交流电压 u_2 的峰值。

在一般带电阻性负载的情况下,由于本线路不比半控桥整流优越,但比

半控桥线路复杂，所以，一般采用半控桥线路。全控桥电路主要用于电动机需要正反转的逆变电路中。

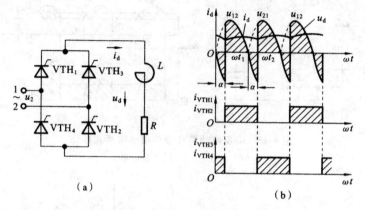

图 6-45　带电感性负载单相全控桥式整流电路的主电路和电压、电流波形

(a)电路；(b)电压、电流波形

6.2.2　脉冲宽度调制控制

脉冲宽度调制（pulse width modulation，PWM）是指通过对一系列脉冲的宽度进行调制，在形状和幅值方面，根据应用面积等效原理，获得所需要波形的控制技术。前面介绍过的直流斩波电路，当输入和输出电压都是直流电压时，可以把直流电压分解成一系列脉冲，通过改变脉冲的占空比来获得所需的输出电压。在这种情况下调制后的脉冲列是等幅的，也是等宽的，仅仅是对脉冲的占空比进行控制，这是 PWM 控制中最为简单的一种情况。正弦波脉宽调制（sinusoidal PWM，SPWM）是一种比较成熟的、目前使用较广泛的脉冲宽度调制方法。其原理是将在下面做以介绍。本节将重点介绍正弦波脉宽调制（SPWM）在逆变器中的应用。

1.SPWM 控制的基本原理

图 6-46 所示为正弦波在正半周期内的波形，将其划分为 N 等份，通过相应的替换，用矩形来表示划分的等份，通过相应面积的转化，可以画出相应的脉冲序列。完整的正弦波形用等效的 PWM 波形表示称为正弦波脉宽调制 SPWM 波形。

图 6-47 所示为单相桥式 SPWM 逆变电路，采用感性负载，IGBT 管为开关器件，对 IGBT 管的的控制主要是通过控制 VT_1、VT_2、VT_3、VT_4 的截止于关断状态，进而实现负载的电流和电压的变化，当使用者想要达到哪一种工作状态时，可以随时控制二极管的关断还是导通，既方便，并且快捷，还

能够获得理想的工作状态。

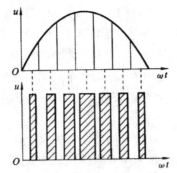

图 6-46　用 PWM 波代替正弦半波

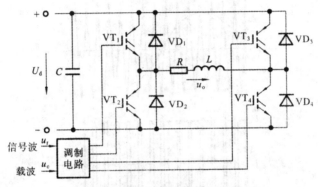

图 6-47　单相桥式 SPWM 逆变电路

控制 VT₁ 或 VT₃ 通断的方法如图 6-48 所示。

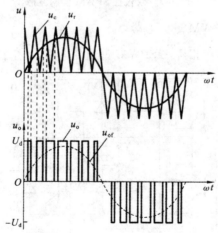

图 6-48　单极性 SPWM 控制波形

载波 U_c 在调制信号波 U_r 正半周为正极性的三角波,在负半周为负极
性的三角波。调制信号 U_r 为正弦波。在 U_r 和 U_c 的交点时刻控制 IGBT

管 VT_4 或 VT_3 的通断。在 U_r 的正半周，VT_1 保持导通，当 $U_r > U_c$ 时使 VT_4 导通，负载电压 $U_o = U_d$，当 $U_r < U_c$ 时使 VT_4 关断，$U_o = 0$；在 U_r 的负半周，VT_1 关断，VT_2 保持导通，当 $U_r < U_c$ 时使 VT_3 导通，$U_o = -U_d$，当 $U_r > U_c$ 时使 VT_3 关断，$U_o = 0$。这样，就得到 SPWM 波形 U_o。图中虚线表示 u_o 中的基波分量。这种在 U_r 的半个周期内三角波载波只在一个方向变化，所得到输出电压的 PWM 波形也只在一个方向变化的控制方式称为单极性 PWM 控制方式。

与单极性 PWM 控制方式不同的是双极性 PWM 控制方式。如图 6-47 所示的单相桥式逆变电路在采用双极性控制方式后的波形如图 6-49 所示。

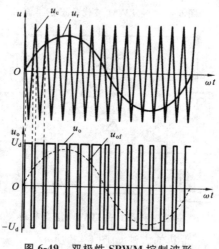

图 6-49　双极性 SPWM 控制波形

2. 三相桥式 SPWM 逆变电路

图 6-50 所示为三相桥式 SPWM 型逆变电路，其控制采用双极性方式。

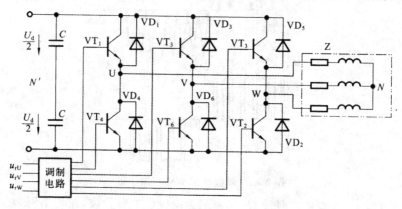

图 6-50　三相桥式 SPWM 逆变电路

U、V 和 W 三相的 PWM 控制共用一个三角波载波 U_c，三相调制信号 u_{rU}、u_{rV}、u_{rW} 的相位依次相差 120°，U、V 和 W 各相电力开关器件的控制规律相同。现以 U 相为例说明如下：当 $u_{rV} > u_c$ 时，向三极管 VT_1 发送导通信号，向 VT_4 发送关断信号，则 U 相相对于直流电源假想中点 N' 的输出电压 $u_{UN'} = \dfrac{u_d}{2}$。当 $u_{rU} < u_c$ 时，向 VT_4 发送导通信号，向 VT_1 发送关断信号，则 $u_{UN'} = -\dfrac{u_d}{2}$。$VT_1$ 和 VT_4 的驱动信号始终是互补的。由于电感性负载电流的方向和大小的影响，在控制过程中，当向 VT_1 发送导通信号时，可能是 VT_1 导通，也可能是二极管 VD_1 续流导通。V 相、W 相和 U 相类似，$u_{UN'}$、$u_{VN'}$ 和 $u_{WN'}$ 的波形如图 6-51 所示。

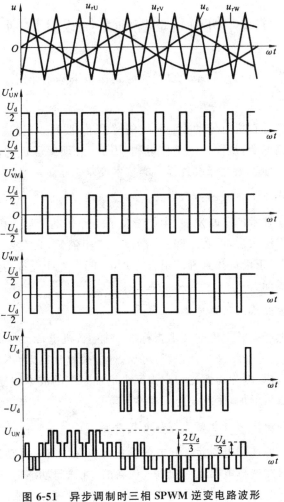

图 6-51　异步调制时三相 SPWM 逆变电路波形

第7章 机电传动控制系统设计

机电传动控制系统是现代化生产的重要组成部分。在进行机电传动控制系统设计时,应以满足生产和使用要求为主要目标,并在满足技术要求的前提下,使控制系统调试操作简便、运行可靠;应尽可能采用成熟的技术。如果需要使用新技术、新工艺和新器件,需进行充分的调研和论证,有时还应进行相关试验。

7.1 机电传动控制系统设计原则

在进行机电传动控制系统设计时应遵循以下基本原则。

1.满足生产设备提出的控制要求

生产设备是在机电传动控制系统的控制下,按照一定的规律和功能,各部分之间协调配合,从而完成工作过程,因此,必须保证机电传动控制系统能够最大限度地满足生产设备提出的技术要求。

2.妥善处理机与电的关系

随着现代技术的不断发展,生产设备的工作运动既可由机械方法实现,也可由电气方法实现,两者之间互相关联、互相依赖,只有妥善处理两者之间的配置关系,正确选择合理的组合方式,才能使生产设备达到预期的技术指标和经济指标。

3.设计方案力求简单可靠

在满足生产设备提出的技术指标的前提下,机电传动控制系统应力求简单,从而使制造和维修方便,运行可靠,性能价格比高,而不是盲目地追求高性能和高指标,因为高性能和高指标会增加系统的成本和复杂程度,导致所用元器件数量增加,使系统的可靠性下降。

4.正确合理地选用电器元件和电气设备

正确合理地选用电器元件和电气设备可以保证机电传动控制系统经济可靠地运行。在选择电器元件和电气设备时,在满足功能需求的前提下,应尽量选用相同的品种、类型和规格,以便于采购、管理和使用。

5.操作与维护方便

在设计机电传动控制系统时必须考虑使用和维护性能,简洁清晰的设计以及方便快捷的操作功能可以有助于提高系统的使用效率和安全性。

7.2　机电传动控制系统设计应注意的问题

7.2.1　机电传动控制系统设计的步骤

机电传动控制系统设计分为初步设计、技术设计和产品设计 3 个阶段。

1.初步设计

初步设计也称为方案设计,是在设计准备阶段,通过对被控对象的工作要求、工作环境、操作与安全性要求等进行分析,从而确定总体设计方案。初步设计可由机械、工艺方面的技术人员和电气设计人员共同提出,也可由机械、工艺技术人员提供机械结构资料和生产工艺要求,由电气设计人员完成设计。

初步设计阶段的主要内容包括:

①确定设备名称、用途、工艺流程、生产能力、技术性能以及现场环境条件(如温度、粉尘浓度、海拔、电磁干扰和振动情况等)。

②确定供电电网种类、电压等级、电源容量和频率等。

③确定电气控制的特殊要求(如控制方式、自动化程度、工作循环组成、电气保护及连锁等)。

④确定电气传动的基本要求(如传动方式、电动机选择、负载特性、调速和制动要求等)。

⑤确定需要检测和控制的工艺参数性质、数值范围和精度要求等。

⑥确定生产设备的电动机、控制柜、操作台、操作按钮及检测用传感器等元器件的安装位置。

⑦明确有关操作和显示方面的要求。

⑧估算投资费用、研制工作量和设计周期等。

2.技术设计

技术设计是根据初步设计所确定的总体方案,最终完成机电传动控制系统设计。技术设计阶段主要完成以下工作内容:

①对机电传动控制系统中的某些环节做必要的试验,以确定其可行性。

②编写 PLC 内部元件地址分配表,设计控制流程图,编制用户程序。

③绘制电气原理图和 PLC I/O 接线图。

④选择系统所用电器元件和电气设备,编制元器件明细表,详细列出元器件的名称、型号规格、主要技术参数、数量、供货厂家等。

⑤绘制电控装置组合布置图、出线端子图等。

⑥编写技术文件,包括设计计算书、设计说明书、使用和维护说明书等,介绍原理、主要技术性能指标及有关运行维护条件和对施工安装的要求等。

3.产品设计

产品设计是根据技术设计阶段完成的技术文件,最终完成控制装置制造所需要的所有技术文件,包括以下内容:

①非标准电控设备设计(如电气柜、操作台等)。

②绘制产品总装配图、部件装配图和零件图。

③图纸标准化审查和工艺会审。

一般来说,机电传动控制系统应按上述 3 个阶段进行,每个阶段中的具体内容根据项目不同而有所差异,应视具体情况灵活掌握。

7.2.2 机电传动控制系统设计要点

在进行机电传动控制系统设计时应重视以下几个方面的问题。

1.总体技术方案制定

设计时,首先要对生产设备进行分析,分析设备所采用的传动方式(机械传动、液压传动、气动传动或电气传动),并根据设备的结构组成、传动方式、运动控制要求等选择电气系统的控制方式。

正确合理地选择控制方式是机电传动控制系统设计的要点,它直接关系到设备的技术性能和使用性能。在进行控制方式选择时,首先要对控制系统进行分析,分析它是定值控制系统还是程序控制系统。对于定值控制系统,主要任务是选择合理的被控变量和操作变量,选择合适的传感器以及检测点,选用恰当的调节规律以及相应的调节器、执行器和配套的辅助装置,组成工艺上合理、技术上先进、操作方便、造价经济的控制系统;对于程序控制系统,通常采用继电接触器控制或 PLC 控制,选用规格适当的断路器、接触器、继电器等开关器件以及变频器等电力电子产品,并合理配置主令电器。控制线路设计一般应包括手动分步调试和系统联动运行两种方式,以构成安装调试方便、运行安全可靠的控制系统。

在设计机电传动控制系统时,还需要根据生产设备的调速要求,如调速性质、调速范围、平滑指标、动态特性、效率和费用等合理选择系统的调速方式。

2. 电器元件和电气设备选型

电器元件和电气设备的选型直接关系到机电传动系统的控制精度、运行可靠性和制造成本,原则上应选用符合功能要求、抗干扰能力强、环境适应性好、可靠性高、性能价格比高的产品。目前,电器元件和电气设备种类繁多,在选择时应优先考虑那些在已有的工程实践中经常使用、性能良好的产品以及为用户所熟悉、在当地容易购置的产品。

3. 电控系统的工艺性设计

机电传动控制系统要做到操作方便、运行可靠、便于维修,在保证原理性设计正确的前提下,还应进行合理的工艺设计。电气工艺设计的主要内容是电控装置的总体配置、总接线图、电气柜(箱、面板)设计与装配、导线连接等。

(1)电控装置总体布置

电控装置由各种电器元件通过导线连接构成,不同功能的元器件布置在不同的位置,如有些元件安装在电气控制柜中(如 PLC、变频器、继电器和接触器等),有些元件安装在生产设备上(如传感器、行程开关、接近开关等),有些元件则安装在控制面板或操作台上(如控制按钮、指示灯、显示器、指示仪表等)。对于比较复杂的机电传动控制系统,则需要分成若干个控制柜、操作台和接线箱等,因此在构建系统时,不仅需要将所用元器件划分成若干个组件,而且还要考虑组件间的电气连接。

(2)组件划分

在进行组件划分时应综合考虑生产流程、调试、操作、维护和运行等因素。一般来说,组件划分的原则为:

①将功能类似的元器件组合在一起。

②尽可能减少组件间的连线数量,接线关系密切的元器件布置在同一组件中。

③强弱电分离,尽量减少系统内部的电磁干扰影响。

④力求美观、整齐,外形尺寸尽可能采用标准尺寸。

⑤便于检查和调试,将需要经常调节、维护和更换的元器件组合在一起。

(3)元器件布置

电气柜(箱)内元器件一般按以下原则布置:

①体积较大、重量较重的元器件宜安装在电气柜(箱)的下部,以降低柜(箱)体的重心。

②发热元器件宜安装在电气柜(箱)的上部,以避免对其他元器件产生

不良影响。

③经常需要维护、调节和更换的元器件宜安装在便于操作的位置上。

④外形尺寸和结构类似的元器件宜放置在一起，以便于安装、配线，并使外观整齐美观。

⑤元器件的布置不宜过密，要留有一定的间距。若采用板前走线槽配线方法，应适当加大各排元器件的间距，以利于布线和维护。

⑥将散热器和发热元件放置在风道中，以保证具有良好的散热条件，而熔断器应放置在风道外，以避免改变其工作特性。

（4）操作台（面板）的布置

操作台（面板）上布置有操作器件和显示器件，布置时应注意：

①操作器件一般布置在目视的前方，按操作顺序由左向右、从上到下地布置，也可按生产工艺流程布置，尽量将高精度调节、连续调节、频繁操作的器件布置在右侧。

②急停按钮应选用红色蘑菇按钮，并放置在不易被误碰的位置。

③按钮应按功能选用不同的颜色，既增加美观又便于区分。

④显示器件通常布置在操作台（面板）的中上部，指示灯应按其含义选用适当的颜色。

⑤当指示灯数量较多时，可以在操作台的上方设置模拟屏，将指示灯按照工艺流程或设备平面图形排布，使操作者可以通过指示灯及时掌握生产设备的运行状况。

⑥操作器件和显示器件的下方通常附有标示牌，用简明扼要的文字或符号说明其功能。

（5）组件连接

电气柜（箱）、操作台等组件的进出线必须通过接线端子，端子规格按电流大小和端子上进出线数目选用，一般一个端子最多只能接两根导线。组件与被控设备或组件之间应采用多孔接插件，以便于拆装和搬运。

电气柜（箱）、操作台内部配线应采用铜芯塑料绝缘导线，截面积应按其载流量的大小进行选择。考虑到机械强度，控制电路通常采用 $1.5mm^2$ 以上的导线，单芯铜线不宜小于 $0.75mm^2$，多芯铜线不宜小于 $0.5mm^2$；对于弱电线路（电子逻辑电路或信号电路），导线截面积不小于 $0.2mm^2$。

配线时，每根导线的两端均应有标号（线号），而且导线的颜色应按标准来选择，如黄、绿、红色分别表示交流电路的第一、第二、第三相；棕色和蓝色分别表示直流电路的正极和负极；黄—绿双色铜芯软线是安全用的接地线，其截面积不小于 $2.5mm^2$。

（6）布置图设计

在确定了电器元件在电气柜（箱）、操作台的位置后，就可以绘制电器布置图，图中元件按其外形绘制，外形尺寸必须符合该元器件的最大轮廓尺寸。布置图应在元器件的外形图上方标注各元器件代号和相互间的距离。间距尺寸可连续标注，但尺寸不封闭，一般以图纸的最左端和最下端作为尺寸基准。对于安装在柜板或面板上的元器件，还需要根据布置图画出元器件的安装开孔图。

（7）接线图设计

接线图是电气控制装置进行柜内布线的工作图纸，它是根据系统电气原理图和电器元件布置图绘制的。接线图的设计原则为：

①接线图应按布置图上的元器件位置绘出元器件的图形符号或简化外形图，标出元器件的代号和相应的端线号。

②所有元器件的代号和端线号必须与电路图中元器件的代号和端线号一致。

③接线图中同一电器元件的各个部分（如接触器的线圈和触点等）必须画在一起，这一点与继电接触器控制电路图不同。

4.机电传动控制系统中的环境因素影响

在设计电气控制装置时应考虑环境因素的影响，需要根据使用环境条件做出适当的调整，以减少控制装置的故障率，延长控制装置的使用寿命。影响机电传动控制系统工作的环境因素主要指气候、机械振动和电磁干扰等。

（1）气候因素的影响

影响电控装置的气候因素主要是温度、湿度、气压、风沙和灰尘等。

①温度。温度是环境因素中影响较广泛的因素，它常与其他环境因素相结合而成为电控装置的主要损坏原因。环境温度过高会使装置的散热条件变差，温度升高，元器件的负载能力下降，寿命缩短，同时还会加剧氧化反应，造成元器件绝缘结构、表面防护涂层加速老化等。因此，高温环境下使用的电控装置在设计时必须考虑元器件降级使用或采取强制的冷却手段（如风冷、水冷和蒸发冷却等）。环境温度过低会使空气的相对湿度增大，材料收缩变脆，润滑变差。一般最高环境温度不超过 $+40℃$，最低温度不低于 $-5℃$。

②湿度。湿度和温度因素结合在一起往往会产生巨大的破坏作用。过高的湿度会在物体的表面附着一层水膜，导致产品的电气绝缘性能降低，加剧化学腐蚀。湿度过低则容易产生静电积蓄。因此当装置在湿热环境下使

用时,可考虑器件的封装和防护。一般在最高环境温度＋40℃时,相对湿度不得超过50%;当环境温度较低时,则允许有较高的相对湿度。

③气压。环境中气压较低时,会造成空气绝缘强度下降,灭弧困难,因此在低气压环境下使用时可以考虑放宽设备的绝缘间距。

④风沙和灰尘。当电器元件的触点积有沙尘时会导致触点接触电阻增加,另外,器件表面的沙尘会磨损防护层,导电的沙尘还会造成短路现象等。因此,在设计控制柜(箱)时要考虑密封性,但同时也要兼顾散热的要求。

(2)机械环境因素的影响

机械环境因素主要指机械振动,机械振动会影响设备的工作可靠性和设备的使用寿命。

当存在机械振动时,必须采取相应的措施,以减少或消除振动的影响。常用的防振措施有:

①提高元器件、组件和装置的抗振能力。

②在振动源和敏感元件、组件之间加隔离措施。

③尽可能改善整个工作环境的振动状况。

(3)电磁干扰

电磁干扰对电气控制装置的工作可靠性有很大的影响,严重时还会使系统无法正常工作。因此,在设计时应通过采取滤波、隔离、屏蔽、接地以及合理布局、布线等措施,以减少或消除电磁干扰的影响。

7.3 机电传动控制系统设计举例

目前,自动旋转门越来越广泛地应用在大型商场、宾馆、酒店、写字楼等楼宇建筑中。自动旋转门的最大特点是对于进出建筑物的人们来说它永远是开放的,而对于建筑物本身来说它又永远是关闭的。因此,旋转门在控制上要求具有较高的智能性和自动化程度。

自动旋转门通常采用单片机或 PLC 进行控制,本书将介绍 S7-200 PLC 在自动旋转门控制系统中的应用。

(1)控制对象

该系统的控制对象为三翼自动旋转门,三扇玻璃门垂直安装在中央的固定轴柱上,交流电动机通过减速机构驱动轴柱,使门扇绕轴柱以一定的速度旋转。

（2）控制要求

自动旋转门控制系统应实现以下控制功能：

①自动启停功能。当有人接近时，旋转门自行启动。待最后一个信号消失后，若 15s 内无人再进出，则旋转门自动停转。

②调速功能。在正常运行过程中，旋转门应有低速、中速和高速 3 种旋转速度，分别为 2r/min、4r/min 和 6r/min，以适应残疾人通行、正常运转和紧急疏散对转速的不同要求。

③残疾人优先功能。当按下残疾人按钮后，门以低速旋转，并保证旋转一圈，此时高速切换按钮失效，以确保残疾人安全通行。待残疾人通过后，如果再来人，旋转门自动恢复正常的速度。

（3）安全功能

为了保证行人进出时的安全，自动旋转门应具备必要的安全功能。

①防夹功能。活动门扇和曲壁立柱之间很容易夹到人。当行人不慎被夹时，门应立即反转，并以更低的速度（低低速）旋转（1.5r/min），以防夹伤行人。反转距离为距门口 1/4 的位置。当行人脱险后，即防夹传感器信号消失，门自动恢复正常运转。

②防碰功能。自动旋转门的旋转速度相对稳定，人在通行时的行走速度必须与之保持一致，否则就很容易发生碰撞。行人在门内通行的过程中，如果门扇碰到行人，则旋转门应立即停止，以防碰伤行人。当行人远离门扇后，门自动恢复正常运转。

（4）急停功能

旋转门应设有紧急停止按钮，当出现紧急或意外事故时，按下该按钮，门立即停转。解除急停信号，门又自动恢复正常运转。

（5）电动机过载保护功能

在自动旋转门运行过程中，经常会发生行人或物品阻碍门扇正常转动的现象，从而导致电动机过载。此时，门应立即停转，指示灯闪烁报警。待过载消除后，门又重新恢复运转。

（6）变频器过载保护和延时复位功能

当变频器出现过载时，应关闭输出，使门立即停转，并进行声光报警；延时 10s 后自动复位。

3.控制系统组成

自动旋转门在进/出侧的华盖上方各安装 2 个红外线传感器来感应是否有人进出。

当传感器感应有人进/出门时，门扇立即以中速旋转。在进/出口左侧的曲壁立柱上各安装1个防夹传感器(防夹感应胶条),当遇到物体受压时,门扇立即以低低速反转一段距离,防止夹伤行人或宠物。在每个门扇的底部装有防碰传感器,当行人或宠物碰到门时,门将立即停止转动,防止门扇碰伤行人或宠物。在旋转门出口右侧的曲壁立柱外表面上装有一组按钮,包括急停按钮、残疾人按钮和高速切换按钮;在门进口右侧的相应位置只安装一个残疾人按钮。此外,在进/出口左侧距门口1/4的位置各安装一个接近开关,用于反转停止定位。

自动旋转门控制系统选用西门子公司的S7-200系列PLC实现全部控制功能。通过对控制要求的分析可知,系统一共需要18个数字量输入点和10个数字量输出点,因此选用CPU226,并选择西门子公司的MI-CROMASTER 440变频器进行变频调速,从而满足不同转速的需要。

4.控制系统地址分配

自动旋转门PLC控制系统I/O地址分配情况如表7-1所示。

表7-1 自动旋转门PLC控制系统I/O地址分配表

输入信号		输出信号	
地址	功能描述	地址	功能描述
I0.0	急停按钮	Q0.0	电动机正转启/停
I0.1	残疾人按钮1	Q0.1	电动机反转
I0.2	残疾人按钮2	Q0.2	变频器复位
I0.3	高速按钮	Q0.3	高速控制
I0.4	电动机过载	Q0.4	中速控制
I0.5	变频器过载	Q0.5	低速控制
I0.6	变频器报警	Q0.6	反转速度控制
I0.7	反转停止限位开关1	Q0.7	电动机过载报警指示灯
I1.0	反转停止限位开关2	Q1.0	变频器过载报警指示灯
I1.1	红外线接近传感器1	Q1.1	变频器故障报警指示灯
I1.2	红外线接近传感器2	Q1.2	变频器故障报警电铃
I1.3	红外线接近传感器3		
I1.4	红外线接近传感器4		

续表

输入信号		输出信号	
地址	功能描述	地址	功能描述
I1.5	防夹传感器 1		
I1.6	防夹传感器 2		
I1.7	防碰传感器 1		
I2.0	防碰传感器 2		
I2.1	防碰传感器 3		

在自动旋转门控制系统的程序设计中,出于方便编程的考虑,使用了 9 个中间继电器和 6 个定时器,其分配情况及其功能如表 7-2 所示。

表 7-2　自动旋转门 PLC 控制系统存储单元地址分配表

中间继电器		定时器	
地址	功能描述	地址	功能描述
M0.0	上电标志	T37	电动机/变频器过载时 指示灯亮-灭计时
M0.1	有人进/出门标志	T38	电动机/变频器过载时 指示灯灭—亮计时
M0.2	按下残疾人/高速按钮	T39	变频器复位延时
M0.3	残疾人通过	T40	变频器故障后自动复位计时
M1.0	电动机/变频器故障	T41	门转动后无人再进出时 自动停转计时
M1.1	碰人信号有效	T42	残疾人通行时门至少转一圈计时
M1.2	夹人信号有效		

5.电气控制原理图

(1)主回路原理图

自动旋转门控制系统主回路原理图如图 7-1 所示。根据系统的控制要求,变频器需要 7 个数字量输入,而 MICROMASTER 440 内置 6 个数字输入,因此模拟输入 1 作为第 7 个数字输入。

（2）PLC I/O 接线图

自动旋转门控制系统 PLC 外部接线图如图 7-2 所示。

6.变频器主要参数设置

如前所述,自动旋转门控制系统有 4 种速度的要求,即用于紧急疏散时的高速、正常运行时的中速、残疾人通过时的低速以及当行人被夹时门反转的低低速。当变频器发生故障时应在延时一段时间后自动复位。另外,电动机过载、变频器过载及变频器故障等信号由变频器输出,并送往 PLC 予以报警。因此,应通过设定变频器的相应参数来设置变频器数字输入/输出端子的功能。自动旋转门控制系统变频器主要参数设置如表 7-3 所示。

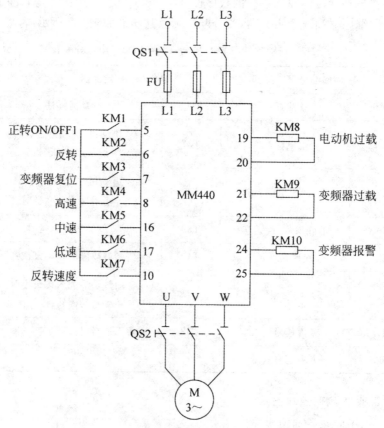

图 7-1 自动旋转门控制系统主回路原理

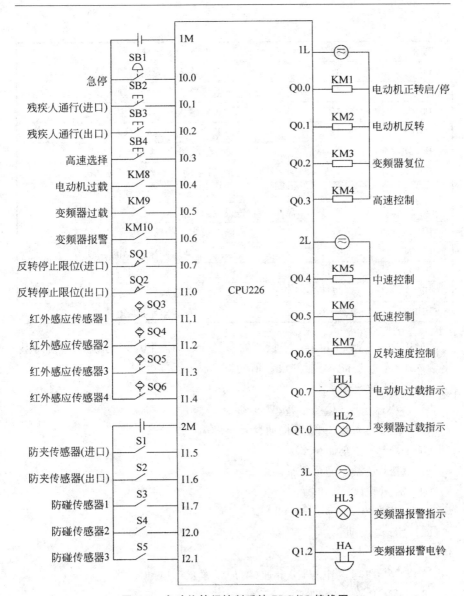

图 7-2　自动旋转门控制系统 PLC/IO 接线图

表 7-3　自动旋转门控制系统变频器主要参数设置

参数	设定值	备注
数字输入端子功能设定		
P0701	1	数字输入 1 为正转 ON/OFF
P0702	12	数字输入 2 为反转
P0703	9	数字输入 3 为变频器故障复位

参数	设定值	备注
P0704	15	数字输入 4 为固定频率设定
P0705	15	数字输入 5 为固定频率设定
P0706	15	数字输入 6 为固定频率设定
P0707	15	数字输入 7 为固定频率设定
P0731	52.D	数字输出 1 为电动机过载
P0732	52.F	数字输出 2 为变频器过载
P0733	52.7	数字输出 3 为变频器报警
转速设定		
P1000	3	频率设定值的信号源为固定频率
P1004	50Hz	高速频率设定值
P1005	33.3Hz	中速频率设定值
Pl006	16.7Hz	低速频率设定值
P1007	12.5Hz	反转频率设定值

MICROMASTER 440 变频器的参数 P0701～P0707 分别用于设定数字输入 1～7 的功能,可能的设定值为:

0　禁止数字输入

1　ON/OFF1(接通正转/停车命令 1)

2　ON reverse/OFF1(接通反转/停车命令 1)

3　OFF2(停车命令 2)

4　OFF3(停车命令 3)

9　故障确认

10　正向点动

11　反向点动

12　反转

13　MOP(电动电位计)升速(增加频率)

14　MOP 降速(减少频率)

15　固定频率设定值(直接选择)

16　固定频率设定值(直接选择＋ON 命令)

17　固定频率设定值(一进制编码选择＋ON 命令)

25　直流注入制动

29　由外部信号触发跳闸

33　禁止附加频率设定值

99　使能 BICO(二进制互联连接)参数化

参数 P0731～P0733 分别用于设定数字输出 1～3 的功能,可能的设定值为:

52.0　变频器准备

52.1　变频器运行准备就绪

52.2　变频器正在运行

52.3　变频器故障

52.4　OFF2 停车命令有效

52.5　OFF3 停车命令有效

52.6　禁止合闸

52.7　变频器报警

52.8　设定值/实际值偏差过大

52.9　PZD 控制(过程数据控制)

52.A　已达到最大频率

52.B　电动机电流极限报警

52.C　电动机抱闸(MHB)投入

52.D　电动机过载

52.E　电动机正向运行

52.F　变频器过载

53.0　直流注入制动投入

53.1　变频器频率低于跳闸极限值(P2167)

53.2　变频器频率低于最小频率(P1080)

53.3　电流大于或等于极限值

53.4　实际频率大于比较频率(P2155)

53.5　实际频率低于比较频率(P2155)

53.6　实际频率大于/等于设定值

53.7　电压低于门限值

53.8　电压高于门限值

53.A　PID 控制器的输出在下限幅值(P2292)

53.B　PID 控制器的输出在上限幅值(P2291)

参数 P1000 用于选择频率设定值的信号源,可能的设定值为:

0、10、20、30、40、50、60、70 无主设定值

1、11、21、31、41、51、61、71 MOP 设定值

2、12、22、32、42、52、62、72 模拟设定值

3、13、23、33、43、53、63、73 固定频率

4、14、24、34、44、54、64、74 通过 BOP 链路的 USS 设定

5、15、25、35、45、55、65、75 通过 COM 链路的 USS 设定

6、16、26、36、46、56、66、76 通过 COM 链路的 CB(通信板)设定

7、17、27、37、47、57、67、77 模拟设定值 2

参数 P1004～P1007 用于定义固定频率 4～7 的设定值。根据工艺要求，分别设置为 50Hz、33.3Hz、16.7Hz、12.5Hz。

7.控制流程图

自动旋转门控制系统流程图如图 7-3 和图 7-4 所示。

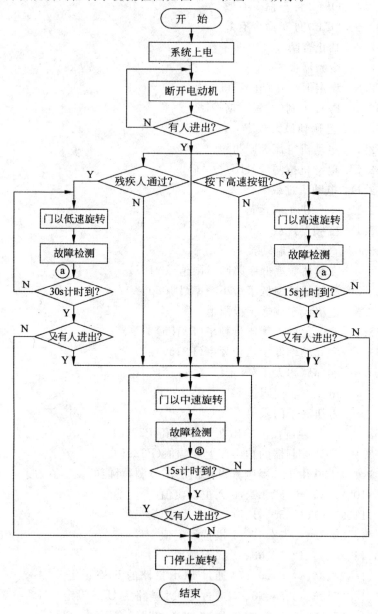

图 7-3 自动旋转控制流程图(1)

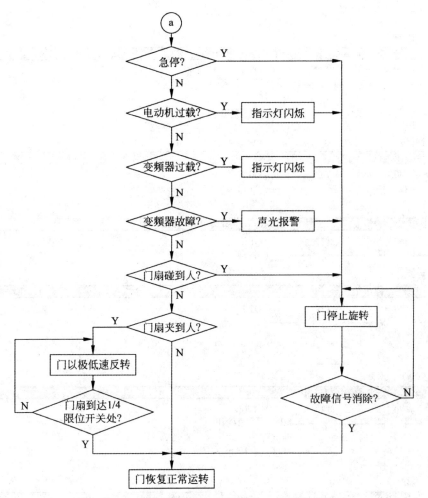

图 7-4　自动旋转门控制流程图（2）——故障检测部分

8.控制程序设计

自动旋转门控制系统梯形图程序及注释如图 7-5 所示。

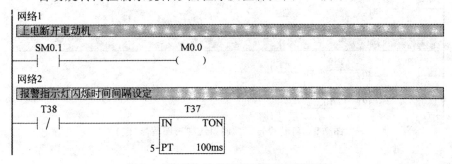

图 7-5　自动旋转门控制系统梯形图程序

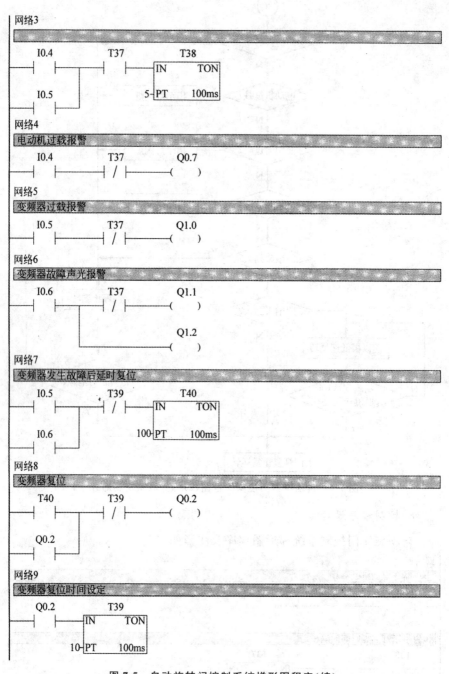

图 7-5　自动旋转门控制系统梯形图程序（续）

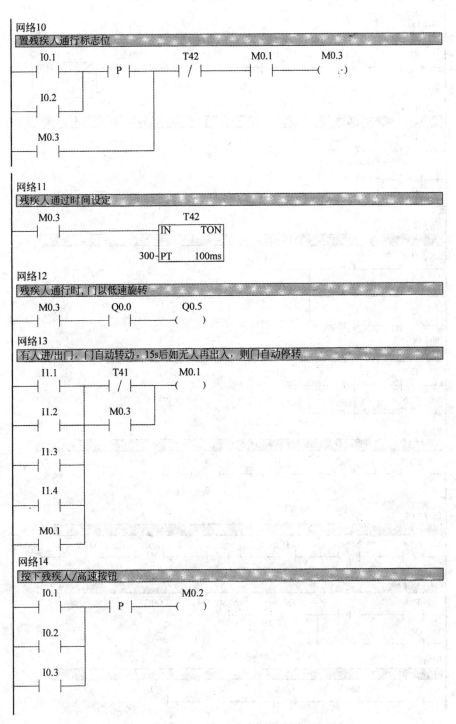

图 7-5 自动旋转门控制系统梯形图程序（续）

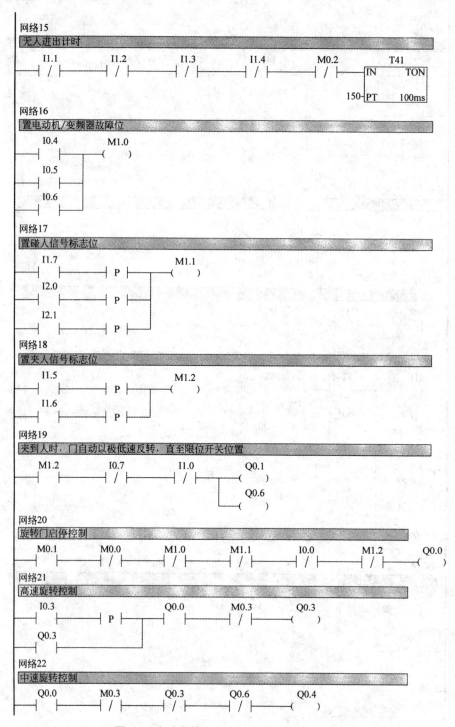

图 7-5　自动旋转门控制系统梯形图程序（续）

参考文献

[1]王晓初.机电传动控制[M].武汉:华中科技大学出版社,2014.

[2]王丰,李明颖,琚立颖.机电传动控制技术[M].北京:清华大学出版社,2014.

[3]王克义,路敦民,于凌涛.机电传动及控制[M].哈尔滨:哈尔滨工程大学出版社,2005.

[4]王宗才.机电传动与控制[M].2版.北京:电子工业出版社,2014.

[5]胡世军,张大杰.机电传动控制[M].武汉:华中科技大学出版社,2014.

[6]芮延年.机电传动控制[M].北京:机械工业出版社,2006.

[7]邵泽波,张洪艳.机电传动控制[M].北京:化学工业出版社,2011.

[8]王丰,李明颖,赵永成.机电传动控制[M].北京:清华大学出版社,2011.

[9]邓星钟等.机电传动控制[M].3版.武汉:华中理工大学出版社,2001.

[10]鲁远栋.PLC机电控制系统应用设计技术[M].北京:电子工业出版社,2006.

[11]杨黎明等.机电传动控制技术[M].北京:国防工业出版社,2007.

[12]齐占庆.机床电气自动控制技术[M].3版.北京:机械工业出版社,2003.

[13]孙育才.MCS-51系列单片微型计算机及其应用[M].第3版.南京:东南大学出版社,2000.

[14]黄贤武等.传感器实际应用电路设计[M].成都:电子科技出版社,1997.

[15]赵松年.机电一体化机械系统设计[M].北京:机械工业出版社,1997.

[16]张忠夫等.机电传动与控制[M].北京:机械工业出版社,2001.

[17]马如宏等.机电传动控制[M].西安:西安电子科技大学出版社,2009.

[18]张海根等.机电传动控制[M].北京:高等教育出版社,2001.

[19]赵明等.工厂电气控制设备[M].3版.北京:机械工业出版

社,2002.

　　[20]周宏甫.机电传动控制[M].北京:化学工业出版社,2006.

　　[21]吴中俊等.可编程序控制器原理及应用[M].2版.北京:机械工业出版社,2004.

　　[22]丁加军等.自动机与自动线[M].北京:机械工业出版社,2005.

　　[23]贾民平等.测试技术[M].北京:高等教育出版社,2001.

　　[24]刘浛.常用低压电器与可编程序控制器[M].西安:西安电子科技大学出版社,2005.

　　[25]张凤池等.现代工厂电气控制[M].北京:机械工业出版社,2000.

　　[26]胡晓朋.电气控制及 PLC[M].北京:机械工业出版社,2005.